N:a Stationsg.
NORRA GODSSTN
Med. Högsk.
Torsplan
Vanadisplan
Tekniska Högskolan
ÖSTRA STATION
Stadion
Odenplan
Karlbergs parken
Karlbergsv. T-banan
S:t Eriksplan
Karlberg
501
Observatorieg.
Rådmansgatan
Eriksbergsplan
Humlegården
HUMLEGÅRDEN 540
Eriksbergsgatan 540
Valhallavägen
Karlaplan
Tegnérgatan
Tegnérg.
Hötorget
Engelbrektsplan
Stureplan
13-14-15-24
Östermalmstorg
NORRA BANTORGET
Bussar mot Solna, Sundbyberg, Norra Järvafältet
Konserthuset
Dram. Teatern
Hedvig Eleonora k:a
Stat. hist. museum
49
Fridhemsplan
56
Fridhemsplan
Rådhuset
T-Centralen
Nybroplan
Båtar mot Furusund, Blidö
Strandvägen
Jakobs k:a
FLYGBUSS
Arlanda, Bromma
Kungsholms k:a
Klara Mälarstrand
Landstinget
Norr Mälarstrand
Serafimerlasarettet
Stadshuset
Nationalmuseum
Nordiska museet
Slottet
Skeppsholmsk:n
Logårdstrappan
SKEPPSHOLMEN
Kastellholmen
Sovjet-ambassaden
Riddarholmsk:n
Riddarfjärden
Gamla Stan
Gamla Stan
Slussen
SLUSSEN
Bussar mot Nacka, Värmdö
Slussen
Långholmen
Söder Mälarstrand
Skinnarviksparken
Zinkensdamm
13-14-15-24
Maria k:a
Högalids k:n
Hornstull
Hornsgatan
Mariatorget
Zinkensdamms idrottsplats
Ringvägen
Södra Station
Tantolunden
Zon 1
Lövholmsgr.
Katrineb. väg
Trekantsplan
H2
49 130 134 147 172 195
Liljeholmen
Årstadal
Odelberg
Söderberg & Haak
Grönbrink
Zon 1
Södersjukhuset
Sachsska barnsjukh.
Allhelgonakyrkan
Skanstull
SKANSTULL

SUPERMARKET MANIA Euro tour

Yuka Morii

世界に向けて発信されることはないけれど、
近所に向けて強烈なアピールをくり返しているものたち。

ちょっとした身の回りの日用品に「その国らしさ」があふれています。
値段の高いものではなく、特別なお店で売っているものでもなく、
それはスーパーマーケット*にあるのです。
自分のものはもちろん、友達にもわけてあげたい
とびきりのおみやげが見つかるところ。
日本のものを見る目があらためて変わったりもする、
そういう楽しみを見つけに、いっしょに出かけてみませんか?

*【スーパーマーケット】
主に日用品を扱い、買手が売場から直接商品を籠に入れ、
レジで代金を支払うセルフ-サービス方式の大規模店。スーパー。　『広辞苑』より

SEL
Salinette
Salines d'Einville 54370

CONTENTS

＊本書の貨幣単位や価格などのデータは2004年4月現在のものです（ベルギー、オランダについてはそれ以前となっています）。
お店の場所やURL、ものの値段などは予告なく変更されることがありますのでご了承ください。
2004年4月15日時点でのレートは、£1＝約195円、1ユーロ＝約130円、1kr＝約14円でした。

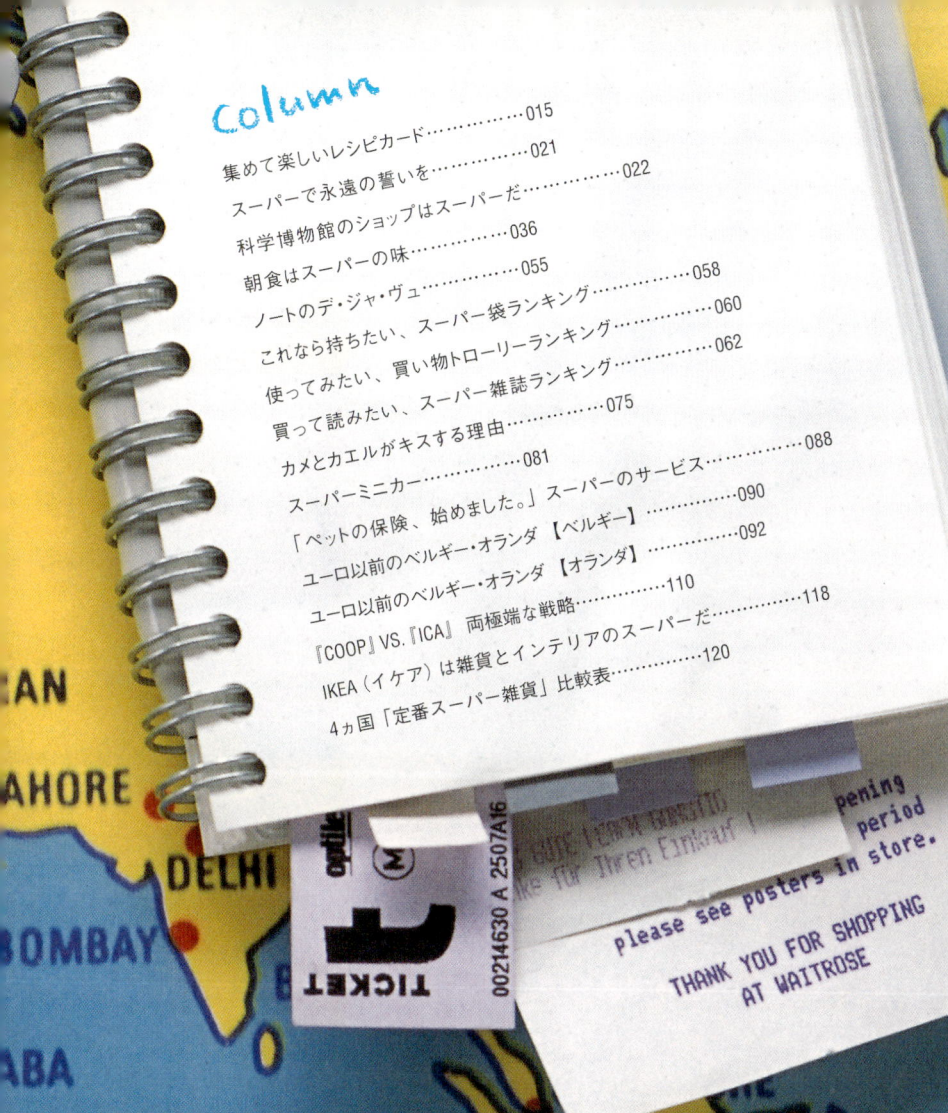

Column

TICKET
00214630 A 2507A16
period
please see posters in store.
THANK YOU FOR SHOPPING
AT WAITROSE

London UNITED KINGDOM

Waitrose / Sainsbury's / TESCO / Safeway / Boots

スーパーマーケットマニアは、まずイギリスを目指す

今イギリスのスーパーから、目が離せません。みるみるうちにオリジナル商品が増え、パッケージデザインは実力のある事務所にどんどん外注され、他店と切磋琢磨する中でどこまでも洗練されて行き、店内はまるでモダンアートの美術館のようです。どのパッケージも、どんな小さなものでも、ただひたすらに消費者を射止めるのだという気迫に満ち満ちていて、一つ一つ丁寧に見て行くというのはもう「品物との勝負」に他なりません。

一方、洗練されすぎて、詳しい内容や注意書きがよく判らないものもたくさんあるし、食品については、味そのものへのこだわりがあるものはほとんどない……という面もあり、それはそれでイギリスらしい特徴が際立っています。

ところで完全にクラス（階級）分けされていると見受けられていたイギリスのスーパーも、最近では徐々に色々なスタイルの支店を出し始め、一つのターゲットに絞らない柔軟さを見せています。ちょっとおしゃれなイメージのスーパーが、郊外に安売り中心の大型店を出したり、大型店が通勤時に利用する人のために、小さなコンビニタイプのスーパーを駅前に作るのも流行しています。

どんなものでも魔法のようにかっこ良くしてしまうイギリスのスーパー。しかしこのままデザインバトルが激化して、他店の成功例を意識するあまり、似たり寄ったりのものばかりになって行きませんよう……！

独断と偏見のスーパー分布図その1:ロンドン

商品やディスプレイ、サービスなどの「センス」を縦軸に、
現地で生活する人に尋ねた「値段」を横軸に、
スーパーのポジションを考えてみました。

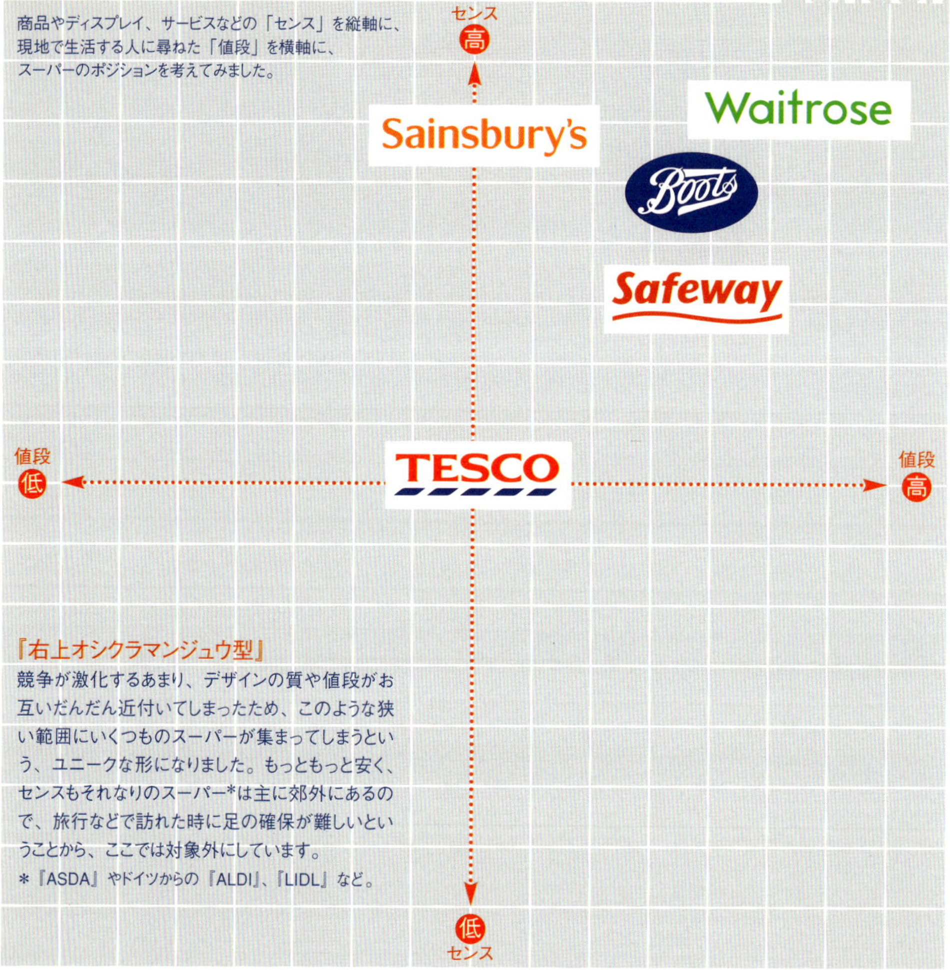

『右上オシクラマンジュウ型』

競争が激化するあまり、デザインの質や値段がお互いだんだん近付いてしまったため、このような狭い範囲にいくつものスーパーが集まってしまうという、ユニークな形になりました。もっともっと安く、センスもそれなりのスーパー*は主に郊外にあるので、旅行などで訪れた時に足の確保が難しいということから、ここでは対象外にしています。

＊『ASDA』やドイツからの『ALDI』、『LIDL』など。

Waitrose（ウエイトローズ）……英国王室御用達のプライドも高い、アッパークラス照準のスーパーです。節約を旨とする旅行者にはちょっと手が出ない……というイメージがありましたが、安いものは安いしお店の人も感じが良いのでご安心を。研ぎすまされた美しさのあるオリジナル商品は、家のどこに置いても恥ずかしくないものばかりで、一見の価値あり! これらのデザインは社内の他に、フリーランスから大手まで15ヵ所ものデザイン事務所に外注され、生まれているそうです。 www.waitrose.com

Sainsbury's（セインズベリー）……1869年創業。鮮やかなオレンジ色が目印の、中間よりちょい上クラスを意識した大手チェーンです。写真や文字、色を大胆に使うオリジナル商品がずらりと並んだ店内は圧巻で、ちょっと元気のない時に行くと、エネルギーをチャージできます。美術館や博物館への出資も積極的だし、いくつかの店舗は奇抜な建築がその時々に話題を振りまいたりして、ばりばりとスーパー文化を切り拓いています。www.sainsburys.co.uk

TESCO（テスコ）……規模はイギリス最大、中間層のど真ん中を狙ったスーパーですが、最近は高級感あふれるオーガニック系の商品を多く打ち出していて、じわじわとポジションを上げて来ている気がします。一方バリューライン（お買い得商品シリーズ）は大量生産故にかなりお安くなっており、気が付くと同じ物をくり返しくり返し買ってしまう人も多いとか。最近、運動不足のお客さんへのサービスとして「押す時の負荷を調節できるトローリー（買い物カート）」が導入されたそうですが、効果やいかに? www.tesco.net

Safeway（セーフウエイ）……1962年創業、中間のちょい下ターゲットの庶民的なスーパーですが、『TESCO』や『Sainsbury's』などの大規模スーパーの激安ラインと比べてしまうと、少々割高感あり。その分、あっと驚く秀逸なオリジナルデザインも見られる、大穴的存在なのです。中味はどうでもいいからパッケージが欲しい! と思ったものはこの店が一番多かった……。2003年、同業の英ウィリアム・モリソン社（主に北方で展開のストアチェーン）に買収されました。今後どう変わって行くか楽しみです。 www.safeway.co.uk

Boots（ブーツ）……街中はもちろん駅や空港など、どこでも見つかるドラッグストア系スーパー。サンドイッチやヨーグルト、ドリンク類などのオリジナル食品もどんどん増えて、店頭がより華やかになりました。最近はデンタルケアの窓口を設ける店舗も登場したりと、サービス部門にも一層磨きがかかり、これからますます面白くなりそうです。 1999年には鳴り物入りで日本に出店するも、残念ながら数年で撤退……。魅力あるオリジナル医療系雑貨が、薬事法等によりほとんど置けなかったことが敗因? www.boots-plc.com

Waitrose（ウエイトローズ）

Gloucester Road支店（Gloucester Arcade 128 Gloucester Road London, SW7 4SF）

この支店はそれほど大きくはないのですが、地下鉄 Gloucester Road駅ビルの1階にあってとても便利です。同じビル内には『Boots』、大通りの斜向かいに『Sainsbury's』、晴れた日ならちょっと離れた『TESCO』まで徒歩圏内なので、スーパーマーケットマニアには絶好の場所と言えましょう。

＊新しくてスタイリッシュな支店としてはCanary Wharf支店（Canada Place, Canada Square, Canary Wharf, London E14 5EW／地下鉄Canary Wharf駅下車）がおすすめです。総ガラス張りの外観が眩しい、大きなビルの地下にあります。フードコートも充実していて、特にフレッシュジュースはここならではのウマさ。階上には、母体となっているインテリアショップ『John Lewis』が入っています。

フルーツ缶詰

APRICOT HALVES／RHUBARB CHUNKS／PINEAPPLE CUBES

思わず商品に会釈したくなる、イギリス風わびさびを味わってください。濃緑の背景に、切り絵のような果物の絵の組み合わせが、絵本の世界のような、ちょっと懐かしい雰囲気を醸し出しています。この色や絵を缶詰に使う発想も、それが商品になっているのも、すばらしいことです。前例の無いことをやりたがらないメーカーからは、こういうものはなかなか生まれて来ないでしょう。味は思ったよりも、イケます。

（Waitroseオリジナル，APRICOT＝£0.45／RHUBARB＝£0.59／PINEAPPLE＝£0.69）

オーガニックスパイス

ORGANIC CINNAMON POWDER／ORGANIC HOT CHILI BLEND

きれいな黒がヒョイっと目に飛び込んで来る、一瞬タバコと見まごう大人っぽいパッケージです。手に取ってみると角が少しだけ丸く作られていて、なんだかとても気持ち良い触感でした。箱の裏の小さいスペースには、それぞれお菓子のレシピが付いています。

（Waitroseオリジナル，CINNAMON＝£1.19／HOT CHILI＝£1.39）

特別メニューのキャットフード

SPECIAL RECIPE Chunks in Jelly with Chicken

実は缶のオモテに『cat』の文字はありません。あるのはぼ〜んやり見えるネコのシルエットだけ。必要な情報は裏と上に隠されているので、売り場の棚はネコネコネコの影の連続です。ペットフードにおいて「美味しそうなこと」はここでは重要ではなく、まずは、美しく！ なのです。

（Waitroseオリジナル，£0.39）

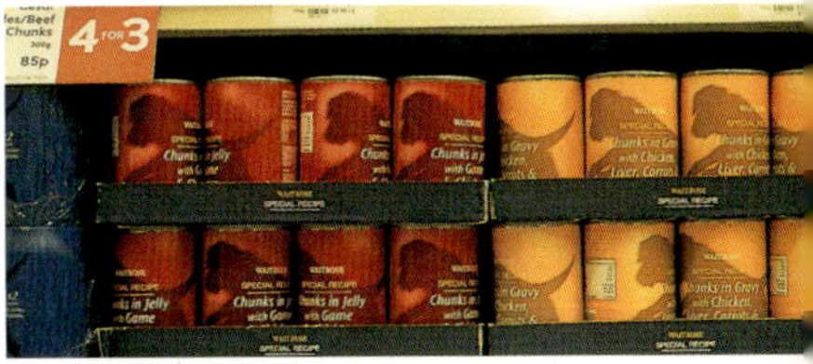

ドッグフードも同様のデザインになっています。

お風呂用洗剤

bath&shower cleaner

文字情報ひしめく、派手なパッケージばかり見ている私達にとっては、身悶えするほどかっこいいボトルです。もちろんかっこだけではなく、持ちやすさやレバーの引きやすさ等もちゃんと計算されています。こんなパッケージで、掃除の時のいやーな気分を快適にするというのも、商品の大切な役割ではないでしょうか。汚れ落とし＆殺菌効果あり、爽やかな柑橘系の香りです。

（Waitroseオリジナル, £1.29）

トイレ用漂白洗剤

thick bleach original

身悶えボトルその2。漂白剤は普通、服にかかったり子供が飲んだりすると危険なので、その旨目立つようにデカデカと表示されるものなのですが、これはそれらの注意書きが表側にありません。あるのは「漂白剤」というタイトルと「きれいな便器の写真」のみ！　安全を取るかデザインを取るかで意見が分かれると思いますが、買う人がどちらかを選べる、ということ自体がうらやましいです。

（Waitroseオリジナル, £0.67）

右側の白いボトルは『Waitrose』のオリジナルではありません。こうやって並んでいるところを見ると、そのセンスの差は歴然。

買い物メモ挟みの付いたトローリー。これは私も取材ノートを置いておけるので重宝したのですが、実際使っている人は1割もいませんでした。ところでこのトローリーの、脚が長くてスマートなことといったら! スーパーマーケットマニアならずともうっとりでしょう。

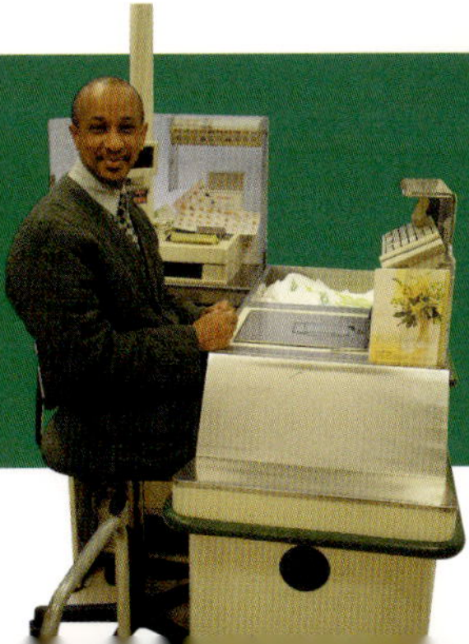

『Waitrose』の制服は、コーポレートカラーの深緑が基調です。レジのお兄さんはキルティング地の暖かそうな上着を着、肌寒い外でトローリー整理をしているおじさんは、深緑の毛糸の帽子を被っています。

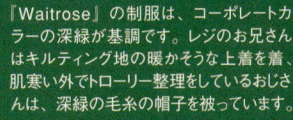

トローリー（買い物カート）用バッグ

TROLLEY BAG

トローリーにちょうど並んで2つ入る大きさです。スーパーで買い物をして、そのまま車まで運ぶのに使います。工事現場で使うシートのように丈夫なビニールなので形が崩れないし、持ち手部分に木の棒が入っているため、重いものを入れてもラクに運べます。日本でも週末ごとに大型店へ行く人が多くなったので、こういうバッグがあったらきっと便利でしょう。畳むと案外小さくまとまることと、ハデ過ぎないオレンジが良い感じです。

（Waitroseオリジナル, £1.99）

エントランス担当のBABER KAMALさん。帽子のWaitroseマークだけ撮らせていただこうと思ったのですが、「ワタシを写しなさい!」とポーズを取ってくれました。

集めて楽しいレシピカード

イギリスとスウェーデンのスーパーには、サービスの一つとしてお持ち帰り自由の『レシピカード』がたくさん置いてあります。全部でどのくらいあるのだろう? と思うくらい膨大な種類があり、月ごとや季節ごとに内容が変わるので、集め始めるとなかなか楽しいものです。こういう「あってもなくてもいい、ちょっとしたもの」の印象が良いと、私のスーパーに対する採点はぐぐっとアップします。

U.K. / Sainsbury's　チェダーチーズとマッシュポテト チキン添え

料理が「食べ物」ではなく「オブジェ」として、たいそう美しく演出されているカードです。料理にピッタリのドリンクと、食材についてのうんちくあり。サイト上ではなんと約6500種類のオリジナルレシピを見ることができます。

www.sainsburys.co.uk/home/foodanddrink/

U.K. / Waitrose　スパイシーチキン・ケバブ

ここ数年で目を覚ました……かもしれないイギリス人の「料理欲」をくすぐる、ビューティフルなカード。モノクロ写真で料理のプロセスが綴られているのがなんともかっこ良い。裏面には材料、詳しい作り方に加えて、時間、カロリー、料理に合うワインのアドバイスなどがあります。汚れが付きにくい厚めのコート紙が、かなり贅沢です。

Sweden / COOP

ひなどりのオープンサンド

穴が空いているのは、食材の棚のちょうど目の位置にフックがあり、そこに掛かっているからです。ここにあると、ついつい取ってしまうのが心憎い。食品メーカーとのタイアップや、ハガキになる懸賞付きなどバラエティに富んでいます。メニューはかなりシンプルなものが多く、料理と言うより組み合わせのような気が……。

Sweden / ICA

焼豚とにんじんシチュー

フキダシは「今晩何にしよ?」。こちらも基本的に「30分でできる」簡単な料理で、ひと目で何が必要か判るのでとても便利です。『ICA』本社によると、レシピはすべて社内の『レシピ班』が考案しており、短時間で仕上げるために食材が少なくても、栄養のバランスが上手く取れるように苦労しているそうです。

全体がUFOのように円いエコ店舗は、エントランスもこーんな感じにカーブしています。

Sainsbury's（セインズベリー）

Greenwich支店（55 Bugsby's Way, Greenwich, London SE10 0QJ）

ここが、本社自慢のエコ店舗。地下鉄Greenwich駅改札を出るとすぐにいくつかのバス停があり、ほとんどがSainsbury'sを経由します。念のため運転手さんに尋ねてから乗ってください。丘に半分埋もれたような建築になっているので熱効率が良く、風力と太陽電池も利用しているので、他の店舗に比べて半分のエネルギーしか消費していないそうです。天井が高く、売り場も広々としているので気分良く買い物できます。

＊時間がなければ、『Waitrose』、『Boots』、『TESCO』とスーパーが集中しているCromwell Road支店（158a Cromwell Road London, SW7 4EJ）へ。ここは大きい上に24時間オープンなのでとっても便利です。ただ夜中はレジが一つしか開いておらず、店内放送も無くシーンと静まり返っているのでちょっと恐いかも……。地下鉄Gloucester Road駅下車、改札を出て左の大通り（Cromwell Road）を渡った左にあります。

大きなスーパーにはたいてい、提携タクシー会社にボタン一つで繋がるフリーフォンがあります。

写真上：人件費の高いロンドンならではの発想、自分で会計するセルフキャッシャーです。お店の人によると、導入して間もないのでまだまだ進化しますよ、とのこと。
写真左：明るい天窓の下にある、通常のキャッシャー。

ジェリーベイビーとフルーツドロップ
jelly babies／clear fruits

トラディショナルなお菓子を、現代に定番化させたシリーズです。『jelly babies』は1920年代生まれ。今でもゼリー菓子のモチーフによく使われています。グミのようですがボロボロっと口の中で崩れる、砂糖いっぱいのシンプルな味です。よく見るとパッケージ右下のベイビーの頭が食べられていてドッキリ……。『clear fruits』もあっさりすっきりしたベーシックな味わいです。

（Sainsbury'sオリジナル, jelly babies＝£0.72 / clear fruits＝£0.89）

ジャングルグミ
jungle jellies

合成甘味料、合成着色料不使用、オール天然素材の美味しいグミ。イギリスのお菓子は見かけの華やかさとは裏腹に、挑戦的な味付けだったりするので食べるのに勇気がいりますが、こういったグミ類にハズレはほとんどありません。デザインはちょっとリアル。たとえ子供向けのものであっても、決して可愛くし過ぎないのが良いところなのです。

（Sainsbury'sオリジナル, £0.59）

チーズ用ビスケット
biscuits for cheese

鮮やかなブルーに9種類のビスケットが浮かぶ、楽しくも整然としたデザイン。まるで本の表紙みたいです。

（Sainsbury'sオリジナル, £1.19）

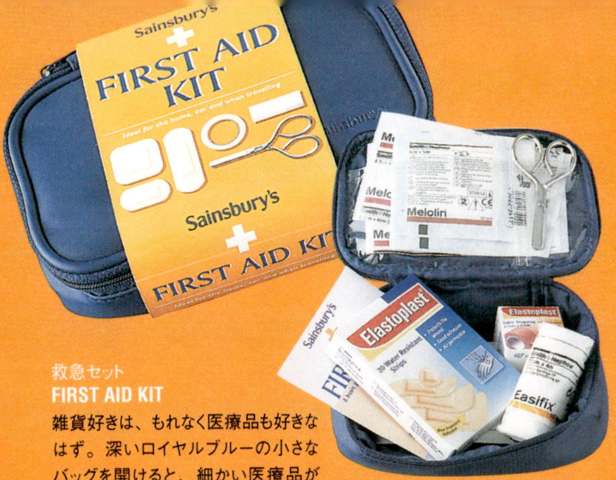

救急セット
FIRST AID KIT
雑貨好きは、もれなく医療品も好きなはず。深いロイヤルブルーの小さなバッグを開けると、細かい医療品がぎっちり入っています。ちょっと変わったハサミはMADE IN GERMANY。見た目よりずっと切れ味よしです。
(Sainsbury'sオリジナル, £6.99)

紙コップ
cups
ポール・スミス風のストライプ柄がきれいな紙コップ。普通の紙コップよりも底面積が小さく、スリムなシルエットにほれぼれします。もったいなくって使えない。
(Sainsbury'sオリジナル, 8コ入り£1.99)

製氷袋
ice cube bags
こういった使い捨ての『製氷袋』をよく見かけました。布団の圧縮袋の原理を使い、水を入れた後にさかさまにすると、口が自然と閉まります。できた氷は膨らんだ座ぶとんみたいで、とても可愛らしいのです。
(Sainsbury'sオリジナル, £0.75)

ノート
notebook
薄く柔らかい、切り取り線付きのノートです。ガタつきと掠れのある罫線に味わいがあります。このチープさが狙われたものかどうかは、微妙なところです。
(Sainsbury'sオリジナル, £1.50)

水玉ナプキン
table napkins
ノートと同じシリーズの紙ナプキンです。ノート同様、色の濃さにばらつきや版ズレがあるところが憎めません。
(Sainsbury'sオリジナル, £1.99)

ショウガの香りのティッシュペーパー
60 scented white tissues with lemon, lime & ginger
ショウガの拡大写真がど迫力のパッケージ。ショウガの香りがとっても爽やかで、そのあまりにも快適な使い心地には驚きました。
(Sainsbury'sオリジナル, £0.99)

塩&白黒コショウ
sea salt／black pepper／white pepper
3つとも一度に片手にのる、小さな調味料です。ブルーグレーのボディに清潔感があります。フタは片手で開け閉めでき、詰め替えも簡単。
（Sainsbury'sオリジナル，£0.45～£0.75）

黒コショウ詰め替えパック
black pepper
香りを感じる配色です。『Waitroseのスパイス（P.11）』同様、角の丸い手触りが心地良い。チーズペッパークロワッサンのレシピ付きです。
（Sainsbury'sオリジナル，£0.95）

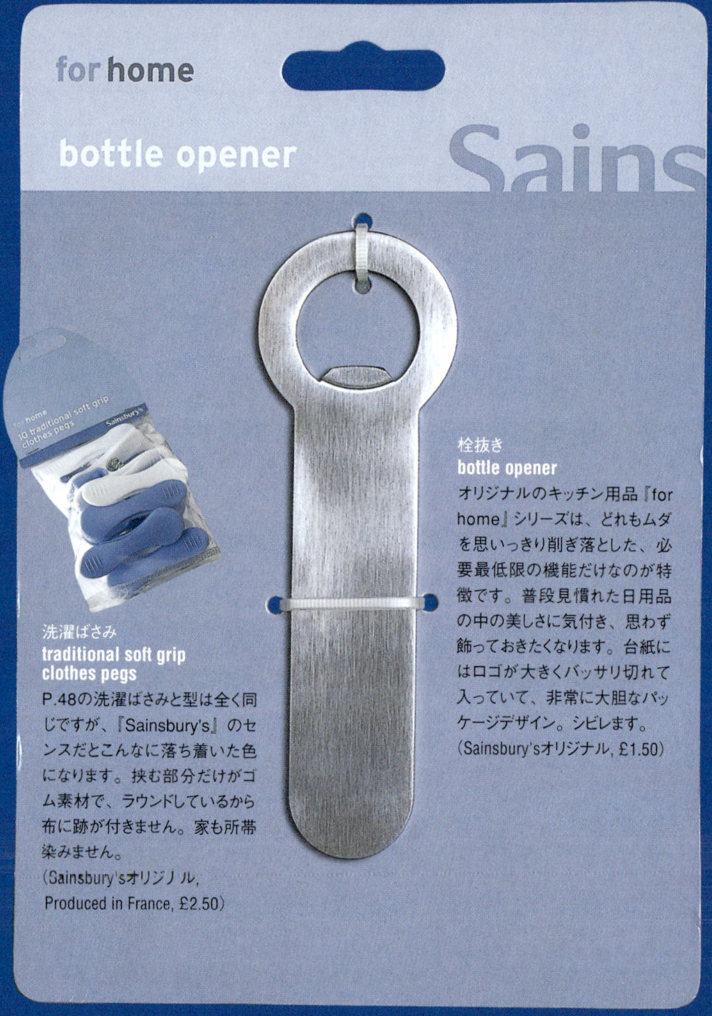

洗濯ばさみ
traditional soft grip clothes pegs
P.48の洗濯ばさみと型は全く同じですが、『Sainsbury's』のセンスだとこんなに落ち着いた色になります。挟む部分だけがゴム素材で、ラウンドしているから布に跡が付きません。家も所帯染みません。
（Sainsbury'sオリジナル，Produced in France, £2.50）

栓抜き
bottle opener
オリジナルのキッチン用品『for home』シリーズは、どれもムダを思いっきり削ぎ落とした、必要最低限の機能だけなのが特徴です。普段見慣れた日用品の中の美しさに気付き、思わず飾っておきたくなります。台紙にはロゴが大きくバッサリ切れて入っていて、非常に大胆なパッケージデザイン。シビレます。
（Sainsbury'sオリジナル，£1.50）

幸せいっぱいの新婦Jill Piggottさんと新郎Pete Freemanさん。Jillさんはこの店でレジを担当しており、そこにある日ある時、Peteさんが買い物に訪れました。結婚指輪やブライドメイドのアクセサリーは全て「ASDA 宝石販売部」からの提供だそうです。　（写真提供・ASDA Press Office）

＊『ASDA』は残念ながらロンドン中心にはありませんが、近いところとしては151 East Ferry Road, Isle of Dogs, E14, London, 3BTがあります。www.asda.co.uk

スーパーで永遠の誓いを

2004年2月、イギリスはヨークシャーにて、世界で初めてスーパーマーケットで結婚式が挙げられました。今までは指定された場所でしか許可されませんでしたが、規制が緩和され、申請をすればたとえスーパーの中でもOKになったのです。たくさんのお客さん（しかも買い物中）の前で式を挙げたのは、ここで知り合った中年のカップル。皆に祝福されて彼らはとっても嬉しいし、居合わせたお客さんも思いがけず楽しいし、これが宣伝になってスーパーも儲かるし……で、良いことばかりの結婚式となりました。この歴史に名を残したスーパーは、米国ウォルマートの傘下に入り、最近めきめき売り上げを伸ばしている『ASDA』。子供が歓声を上げて走り回る、安さが売りの大型ディスカウントスーパーです。スーパーマーケットマニア憧れの式場になるでしょうか?

科学博物館のショップはスーパーだ

入り口にカゴがあって、お菓子の棚と、文房具の棚と、食品（実験用だけど）の棚があって、そして最後にレジがある。さらに年々オリジナルのグッズが増え、シーズンごとのカタログショッピングも盛んとなれば……ここは誰が何と言おうと、私にとってはスーパーなのです！　お土産に最適なオリジナルのお菓子は、単に博物館のロゴを配しただけではなく、地理や生物学からモチーフを得ています。またオリジナルの電池には、裏面に詳しく電池の仕組みが解説されたりして、細々したものにもここなりのこだわりが感じられます。昔の科学工作キットの復刻版なども多く、思わず涙する人も多いのではないでしょうか。博物館の入り口以前にショップがあるので、気軽に立ち寄れるのが嬉しいです。

9

10

11

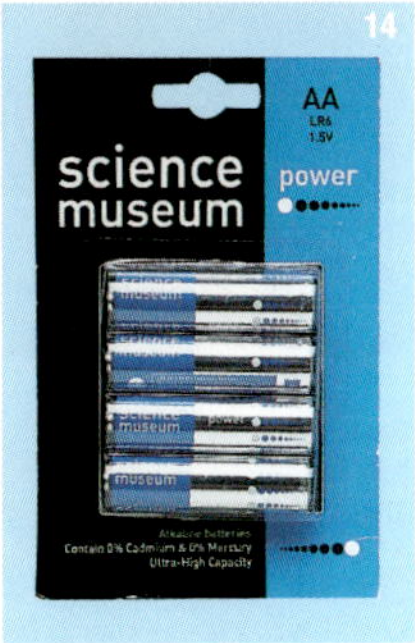

14

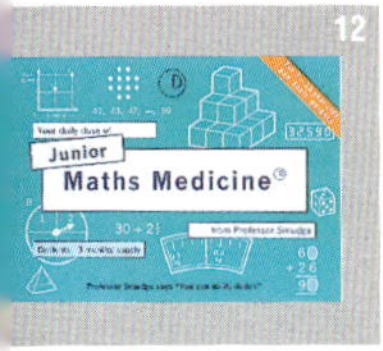

12

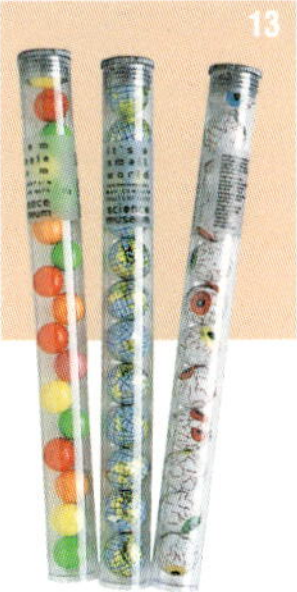

13

1 防水ノート　waterproof note book＝£9.99
高いのですが、大切な記録が消えないのならば……。

2 科学工作ブック　DNA etc.＝各 £4.95
切り抜いて組み立てる。立体的に理解できる工作本。

3 宇宙カメラ　Space Camera＝£1.5
小さいファインダーから覗きシャッターを押して、片目だけの宇宙旅行に行きましょう。

4 カラフルペンケース　Pencil Case＝£3.00
縫い合わせたビニール生地の隙間に色水がキラキラ。

5 宇宙キーホルダー　Space Acrylic Keyring＝£1.25

6 迷路ペン　Maze Pen＝£1.50

7 宇宙しおり　Space Bookmarks＝£1.25

8 いかす消しゴム　Funky Eraser＝£0.5
ショップの両端にあるいくつかのワゴンでは、こういうもの（5〜8）がお菓子みたいに山盛りになって売っています。

9 円形ポストカード　Circle Postcard＝一枚£0.6
遺伝子組み換えヒツジ、宇宙空間で仕事をした最初の宇宙飛行士など、科学史に足跡を残した者たちのカードです。

10 ショップのエントランスは数分ごとに照明の色が変わります。

11 エイリアン虫のキット　Alien Bug＝£8.99
振動によって誰にも予想のできない動きをする、宇宙から来た愛らしい電気虫です。

12 算数のクスリ　Junior Maths Medicine＝£3.60
一日1ページ読めば授業で効く、算数のマメ知識。

13 地球チョコ／目玉チョコ／原子ガム
Tube Small World／Tube Eyeballs／Tube Buble Gum＝各£2.99
筒に入った博物館オリジナルのお菓子。珍しいものではなくとも、包み紙次第でとってもサイエンスな気分。

14 電池　Batteries＝£2.99
メタリックでスタイリッシュな電池です。

科学博物館　The Science Museum
1909年創立。数年前に『ウエルカム・ウイング』が開館して、今まで以上にエデュケーショナルな、見て触って体験する展示が増えました。ともかくディスプレイデザインに対する細やかな心配りには、感服の至り。その棚にはホコリ一つなく、ああ、これが本当の博物館なのだ! と身震いしてしまいます。もちろんおしゃれなカフェもあり。全部を見てまわるには少なくとも半日は必要です。
（Exhibition Road, LONDON, SW7 2DD／地下鉄South Kensington下車、標示に従って徒歩5分）www.sciencemuseum.org.uk

TESCO（テスコ）

Kensington支店（West Cromwell Road, Kensington, London W14 8PB）

地下鉄Earls Court駅下車、Cromwell RoadとWarwick Roadの交差点にある広い店舗で、ここもまた24時間営業です。2階には本屋と隣接している明るいカフェ『TESCO CAFE』があり、メニューは決して豊富ではありませんが（サンドイッチ以外は）どれもまあまあの味です。店内で売っているサンドイッチやサラダ、飲み物に日替わりのバーガーやポテトのソース掛けがあります。

＊小さなコンビニタイプの『TESCO METRO』が、地下鉄Piccadilly Circusの三越デパート向かいにあり、近隣に勤める会社員でいつも賑わっています。

ホワイトニング・デンタルガム

Whitening dental gum

レジ横に必ず置いてあるガム。歯の表面のステイン（着色汚れ）をクリーニングして、きれいな白い歯にする効果があるそうです。頭を引っ張ると、大きめの使いやすい取り出し口ができます。
（TESCOオリジナル, 20コ入り, £0.59）

コンソメキューブ

Chicken stock cubes

暖かな色の組み合わせにホッとする、ちょっと大きめのコンソメキューブ。TESCOオリジナルのスープや煮物に関わる商品は全て、オレンジや赤の暖色系でコーディネートされているので、売り場にいるとあったまる感じなのです。
（TESCOオリジナル, £0.61）

フルーツ缶詰

FRUIT COCKTAIL

子供が描いたように自由で伸びやかなタッチの絵が、なぜか美味しそうな感じ。遠足にでも持って行きたくなる柄です。
（TESCOオリジナル, £0.46）

イングリッシュマスタード

English mustard

ハムなどのコールドミートにぴったりの、酸味の効いたマスタード。淡いゴールドのフタと黄色いラベルが、中味のマスタードの色と調和していたので思わず手に取りました。底まですとんとストレートの、ムダのない円筒形のフォルムが目にも手にも美しくて、ビン好きにはたまりません。
（TESCOオリジナル, £0.62）

ウィッタードのティーバッグ搾り

TEA BAG SQUEEZER

普通のイギリス人は葉っぱではなくティーバッグをよく使っている、と聞いた時にはちょっとイメージと違いましたが、日常になってしまうとどんどん簡単になって行くのでしょう。そんなイギリス人に便利なのがこの「ティーバッグ搾り」。これで搾れば人生で数十杯分はトクできます。作ったのは、日本にもファンが多い紅茶の老舗ウィッタード。ティー・マスターHilton氏からのメッセージと、美味しい紅茶の淹れ方が書いてあるリーフレットが入っています。
（Whittard社, £1.99）

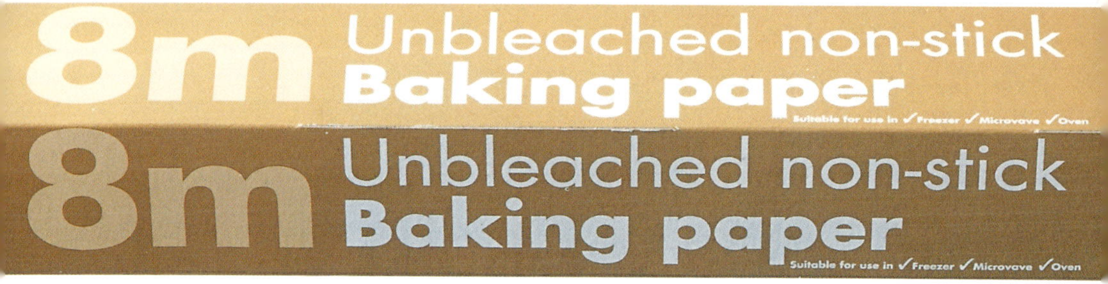

使い捨てコースター
Paper coasters

パーティ用の、使い捨て紙コースターです。サッカーボール柄だと思って買ったのですが、水玉でした。見かけはちょっとチープですが、夏のグラスに滴る大量の水も受け止めてくれる、そしてすぐ乾く働き者です。
(TESCOオリジナル, Produced in the U.K.,約50枚, £1.99)

ボディスプレー
Body Spray

ビジュアル優先のスーパーマーケットマニアも、たまには香りに惹かれることがあります。これは『晴れやかな香り』という名のボディスプレー。ポリッシュなベースに茶色いボーダーが若々しい、小柄なボトルです。地下鉄を降りて階段を上がり街に出ると、目の前を横切る女性は、たいていこんな甘い香りを身に付けています。
(TESCOオリジナル, £0.66)

メタリックカラーの風船
Metallic balloons

膨らます前はシブい色ですが、大きく膨らますとどんどん光沢が出て来て、なかなかゴージャスな風合いになります。ヨーロッパのパーティには風船が欠かせません。大人のパーティに。
(TESCOオリジナル, Produced in Poland,4色×各3枚, £1.29)

ベーキングペーパー
Baking paper

お菓子を焼く時などに、天板に敷いて使うおなじみのアレ。オーブンも大きいからか、巾がかなりジャンボです。パッケージの端には愛らしいジンジャーマンが……でも良く見ると一つは頭をかじられています。『jelly babies（P.18）』もそうですが、イギリスにはこういうギョっとするほど刺激的なギャグがとても多いのです。それがたとえスーパーのものであっても。さすがモンティ・パイソンを輩出した国であります。
（TESCOオリジナル, £0.99）

インスタントカメラ
Single use camera

TESCOのバリューライン（お買い得商品シリーズ）は、遠くからでもすぐ判る、赤白紺のユニオンジャックカラー。すっきり整理された文字だけのパッケージは、私達にとってはシンプルで非常に印象が良いのですが、アッパーな方々から見るとかなり安っぽく感じるそうです。
（TESCOオリジナル・バリューライン, Made in China, £0.72）

ブラウンと ブロンドのヘアピン
BROWN HAIRGRIPS／BLONDE HAIRGRIPS

他にもっと濃い茶色と黒がある、髪の色に合[illegible]ルヘアピン。こういう難しい色って、ありそうでないのです。フォルムも日本でよく見かけるものよりずっとウェービーで、使いやすくなっています。
（TESCOオリジナル, 各£1.50）

『TESCO CAFE』
ある日の昼食。大きなベイクドポテトのチキンカレー掛け、ミネラルウォーター、スコーンで合計£3.65。カレーが美味しい。窓際の席は陽当たりが良く、ついウトウトしてしまいます。

Safeway（セーフウェイ）

Kensington High St.支店（150/158 High St. Kensington, W8 7RL）

地下鉄High Street Kensington駅下車。賑やかなショッピング街の一角に、ちょっと場違いな感じで佇んでいます。入ってすぐのところにカフェがあり……と思ったら、日本のコンビニ『ミニストップ』のように「買ったものをすぐに食べてもいいスペース」でした。無心でサンドイッチに食らい付くおばさんをよく見かける、庶民的でラフな感じの支店。センスは今一つですが文房具類の品揃えが豊富です。

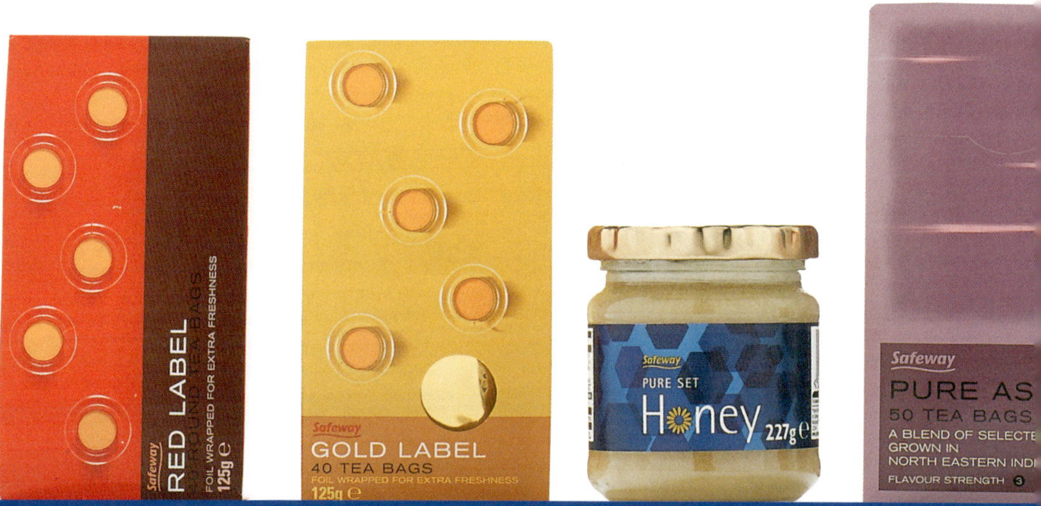

ブレンド紅茶　赤ラベル、ゴールドラベル

RED LABEL／GOLD LABEL

丸い形のティーバッグが愛らしい紅茶。赤ラベルは東アフリカと北インドの茶葉のブレンド、ゴールドラベルは東アフリカの高地で採れるアッサムとセイロンがブレンドされています。値段の割に美味しいです。

（Safewayオリジナル，赤＝£0.68／ゴールド＝£0.89）

蜂蜜

PURE SET HONEY

ラベルは青い六角形がモチーフ、鈍い光の金のフタととても良くマッチしていて、何か大切なオモチャでも入っていそうな佇まいです。味はくせがなくごく標準的。何にでも合いそうです。

（Safewayオリジナル，アラスカ産，£3.05）

りんごジュース
pure apple juice

ずいぶん前のこと、私が初めて海外を一人旅したのはスペインでした。当時からスーパーを徘徊していたのですが、そこで見つけたジュースのパッケージがあまりにも美しく、衝撃を受けたことを今でも憶えています。飲んだ後大切に持ち帰り、それは長い間私の机を飾っていました。そんな頃を思い出させてくれるパッケージです。とにかく色使いがポップで、デザインの力で朝から楽しい気分にさせてくれます。

（Safewayオリジナル, £0.89）

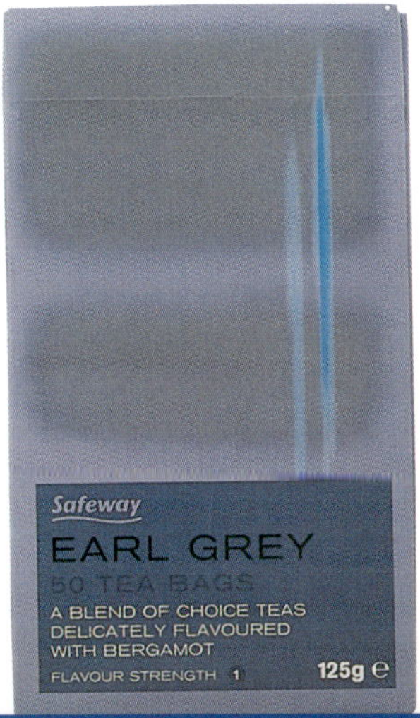

アッサムティー、アールグレイティー
PURE ASSAM／EARL GREY

抽象画の大家、ロスコの絵を彷彿とさせる重くシブい色使いのパッケージは、お店の中でもちょっと高級感ありの類。ティーバッグはこれも円い形です。左のブレンド紅茶と比べると値段の分、香りも強めです。

（Safewayオリジナル, 各£1.25）

サーモンの水煮
RED SALMON

大げさなようですが、缶詰のデザインにこんなにも感動したのはこれが初めてです。メタリックでリアルなサケの絵、右揃えのロゴ、そして微妙にシェイプされた缶底。見かけが良いだけではなく、スタッキングの際にもとても安定感がある形で、よく見る寸胴のものより数段お金がかかっています。日本における「サバの水煮」のようなものをここまでかっこ良くできるとは。これがデパートの高級食材店ではなく、何でもない街角のスーパーの中にあることに感激します。

（Safewayオリジナル, £3.05）

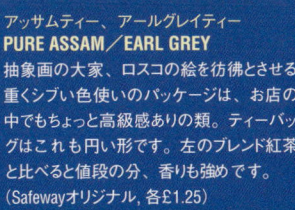

ターメリックとビリアニ用カレーパウダー
TURMERIC／CURRY POWDER FOR BIRYANI

旧宗主国だけに、ロンドンにはインド料理店が多く、スーパーにもインド料理のスパイスが一通り並んでいます。『Safeway』のエスニック料理用スパイスはこの明るい茶色のフタが目印です。フタを開けた奥には粉を飛び散らせないためのベロがついていてちょっとした気遣いに感心します。『ビリアニ』は東アフリカのカレー風炊き込み御飯のことなのですが、日本ではあまり見かけません。裏に『ベジタブルビリアニ』のレシピ付き。
（Safewayオリジナル, ターメリック＝£0.59／カレーパウダー＝£1.05）

クスクス
COUS COUS

まぶしいくらいに明るいシアン（青）が、棚から飛び出るように目立っていました。青い色は青カビに通じる警告色なので、食品にはあまり使わない国が多いと思いますが、これは全く気になりません。クスクスはアフリカ発祥の小さな粒状パスタで、イギリスではベジタリアンに歓迎されており、たいていどこのスーパーでも買うことができます。裏面に『クスクスとアーモンドレーズン』のレシピ付き。
（Safewayオリジナル, Produce of France, £0.79）

ラザニア
EGG LASAGNE

ラザニアの写真はなくともラザニアのイメージに満ちている、構成美にあふれたパッケージです。書体も食品にはあまり見かけないものを使っているので、なんだか画材のセットのよう。飾っておきたくなる箱です。裏面に『ほうれんそうとトマトのラザニア』のレシピ付き。
(Safewayオリジナル, Produce of Italy, £1.15)

マッチ
MATCHES

おそらく何年も変わらないであろう、安心感のあるパッケージです。小さくて茶色い頭がとってもキュート。
(Safewayオリジナル, 6箱で£0.41)

Boots（ブーツ）

Gloucester Road支店 (30-31,Gloucester Arcade,Gloucester Road London, SW7 4SF)

地下鉄Gloucester Road駅ビル店舗。改札を出て左に行くだけ、徒歩0分です。『Waitrose』と隣接してとても便利な店舗ですが、ちょっと小さめなので、地下鉄Piccadilly Circusにある支店(44-46 Regent Street)をおすすめします。

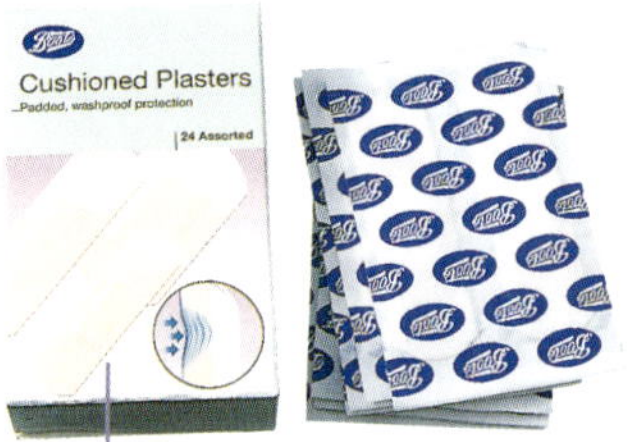

クッション絆創膏

Cushioned Plasters

衝撃に強い、ふかふかした絆創膏です。アングロサクソンの肌の色に合わせたと思われる、白っぽい肌色がとてもきれい。絆創膏が入っている袋のロゴが、整然と並んでいて好印象です。小さなキズに気が滅入る時もあるので、こういう元気なパッケージには救われます。

（Bootsオリジナル, 3種類計24枚入り, £2.49）

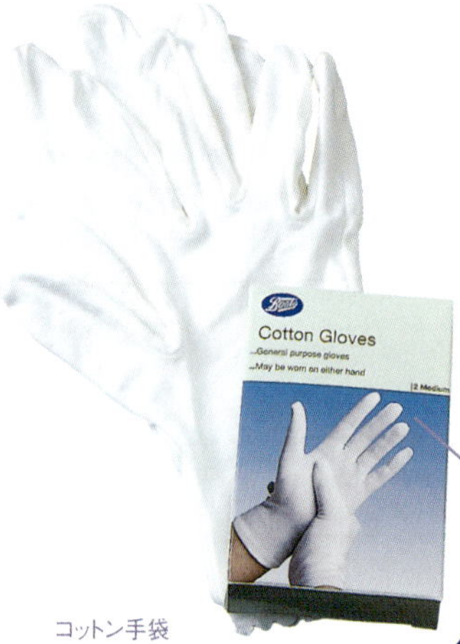

コットン手袋

Cotton Gloves

ケガをしたときのカバーに、手荒れに、多目的に使える手袋です。パッケージの写真と違って、実物は裾がヒラヒラしていてちょっとファンシーな感じでした。

（Bootsオリジナル, Made in China, £2.25）

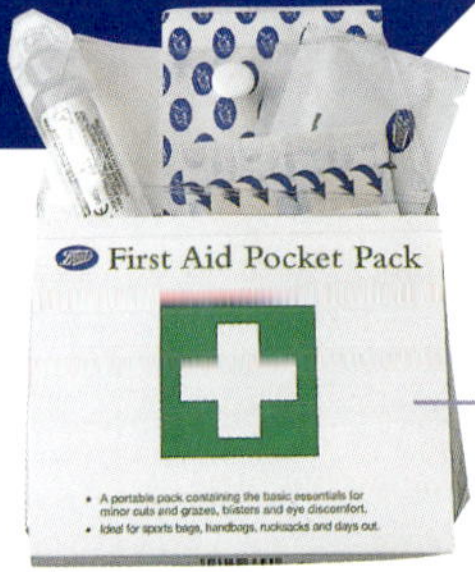

ポケット救急セット

First Aid Pocket Pack

消毒シート、絆創膏、目や傷を洗える生理食塩水のセットです。中味も全て『Boots』のオリジナル。本当にポケットに入る小さなパックです。

（Bootsオリジナル, £3.99）

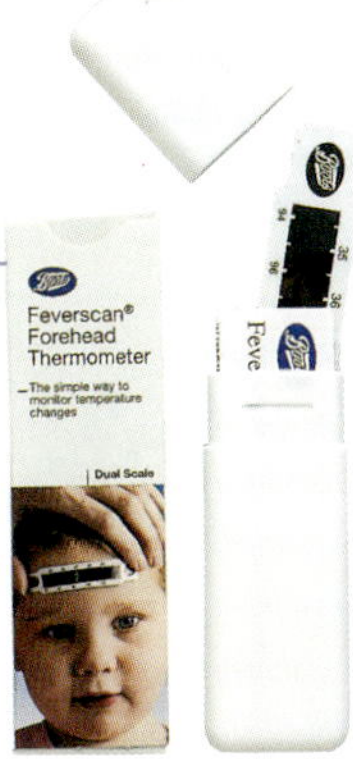

液晶おでこ体温計
Forhead Thermometer
摂氏華氏のダブル表示で、目盛りも細かく刻まれているからとても使いやすくなっています。日本でもひと昔前には、雑誌の付録なんかでよく見かけたものですが、今は熱帯魚などの水槽用以外なぜか姿を消しています。
（Bootsオリジナル, £2.99）

見やすい体温計
Easy Read Thermometer
ラインが黄色くしっかり目立つので、非常に読みやすい体温計。実はこれ、日本で手に入らない日本製なのです。ちなみにイギリスでは摂氏華氏が併記されますが、アメリカは華氏のみ、その他の国の多くは摂氏のみを使っています。平熱摂氏36.5℃は、華氏97.7°F。
（Bootsオリジナル, Made in Japan, £2.25）

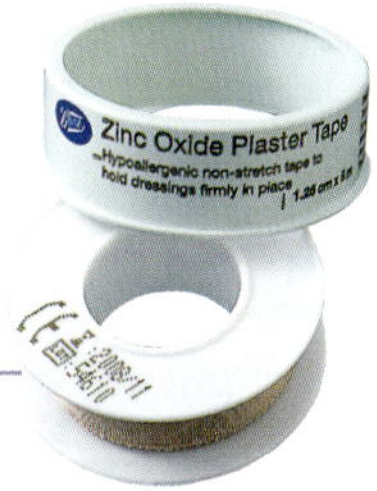

テープ
Zinc Oxide Plaster Tape
キズに当てたガーゼなどを止めるためのテープです。使わない時はケースに入れておくので、いやな汚れが縁に付きません。サテンのように光を反射する薄いベージュ色です。2コ買うと1コおまけだったのに、1コしか買わずに損してしまった……。買う時は標示を良く見ましょう。
（Bootsオリジナル, £1.99）

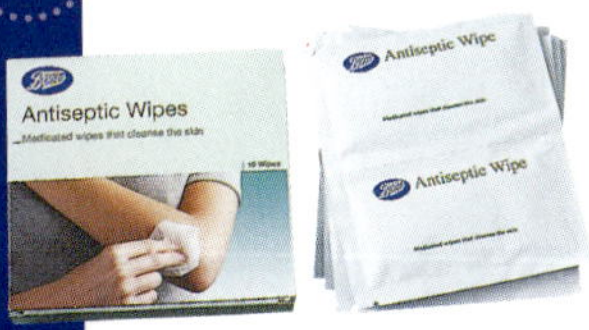

消毒シート
Antiseptic Wipes
ケガをしたときに使う消毒シート。シンプルな小袋が、お弁当に付いてくるお手拭きみたいで愛らしい。
（Bootsオリジナル, £1.85）

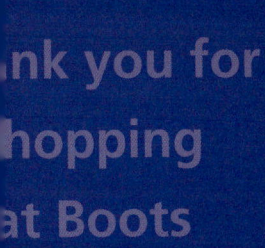

痒み止め

Click-it Bite Relief

蚊に刺されたところに先端を当てて、黒いボタンを押すと、ピリっと一瞬電流が走り、なんだか小さなスタンガンのようです。さっそく試してみたところ、10回ばかり繰り返せば、本当に痒みが止まります。（Bootsオリジナル, Made in Italy, £4.99）

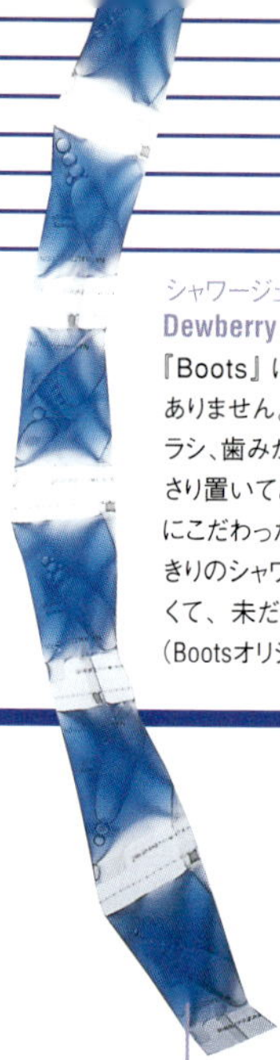

シャワージェル

Dewberry shower gel

『Boots』にあるのは医療品だけではありません。シャンプーや石鹸、歯ブラシ、歯みがきなども、ところ狭しとどっさり置いてあります。これは自然素材にこだわったシリーズの、1回ずつ使いきりのシャワージェルです。もったいなくて、未だながめているだけです。（Bootsオリジナル, £1.00）

除光液シート

CONDITIONING NAIL POLISH REMOVER PADS

いつもロンドンに行っては自分用に買い足している一品です。マニキュアは足にしかつけないので、一つあると3年は持ちます。フタの締まりが良いので何年経っても使い心地が変わらず、小さいから場所も取らずありがたいです。（Bootsオリジナル,15シート, £1.30）

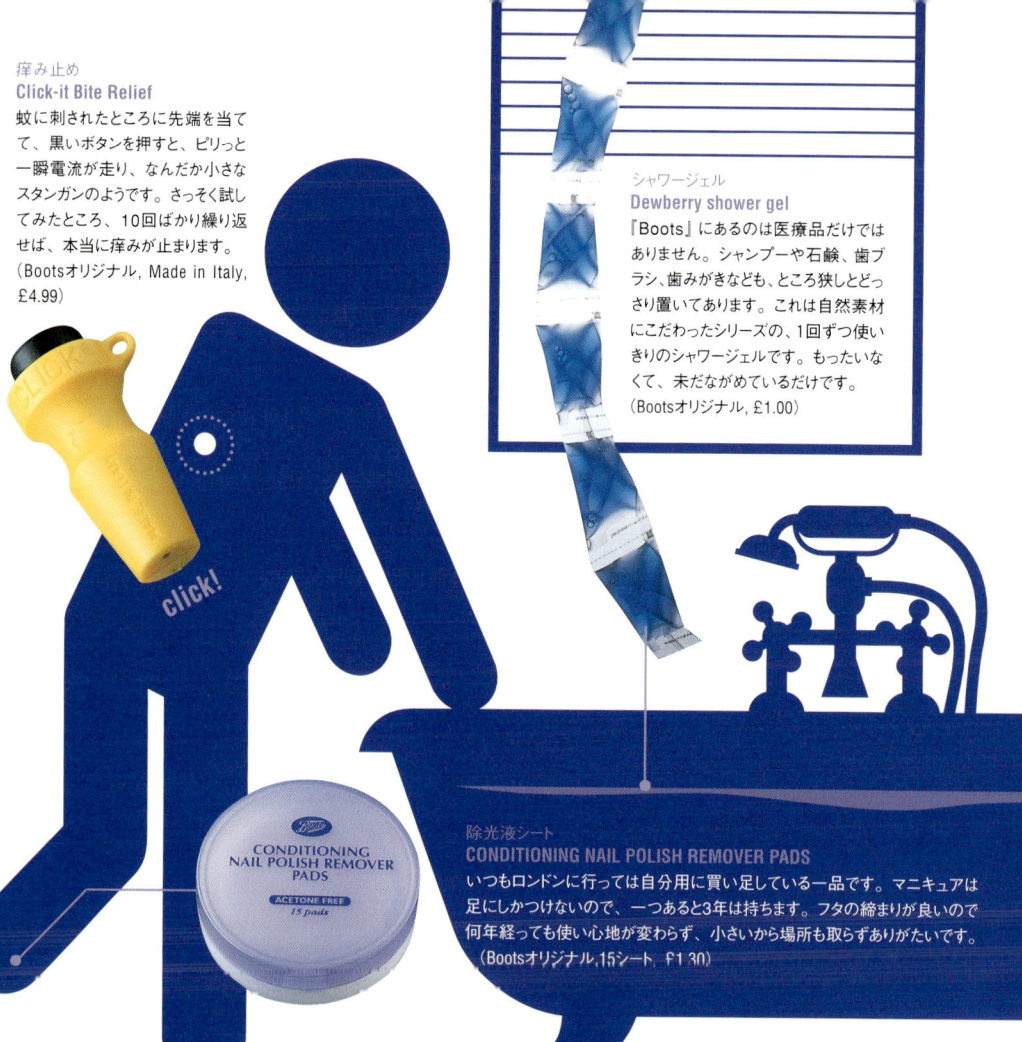

ブーツのオリジナル食品。見た目は美味しそうなのですが……。

＜Bootsのトラベル雑貨シリーズ＞

飛行機マークと色使いが旅行好きのツボにハマる、楽しげな旅行雑貨のシリーズです。これらの他に、安眠枕、パスポートケース、アイマスク、変換プラグetc.旅行に関係するものが何でも揃います。あるのは主に空港や大きめの店舗。中にはちょっとチープな「ハズレ」もありますので、じっくり見て選ぶべし、です。

メタルネームタグ

Luggage Tags

ずっしりと重いメタル製のタグが、色違いで2コ入っています。チェーンを外してメタルをずらし、中のプレートに名前を書くと、戻したときにちょうど飛行機形の穴から見えるようになっています。キズが付くので堅牢なケースにおすすめ。
(2コ入り, Bootsオリジナル, Made in China, £4.25)

ビニールネーム タグ

Luggage Tags

ビニール製の柔らかいタグ、心躍る蛍光イエローです。スーツケースがターンテーブルに出てきた時に、すぐ見つけられそう。
（2コ入り, Bootsオリジナル, Made in China, 2コ,£3.40）

トラベルライト

3Way Travel Light

3段階のスイッチにより、まっすぐ照らす懐中電灯、ぼおっと光るランプ、赤いLEDが点る常夜灯として使えます。値段の割にはちょっとオモチャっぽくて、ギリギリのラインにあると言えましょう。単3乾電池2本付き。
(Bootsオリジナル, Made in China, £5.95)

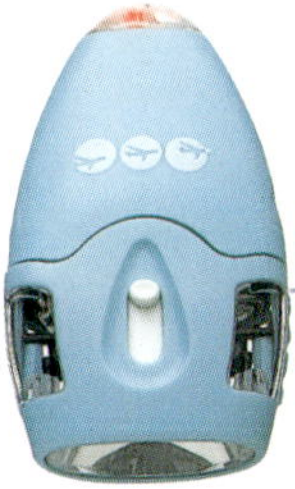

朝食はスーパーの味

スーパーマーケットマニアは、当然スーパーの味も確かめたくなります。
パリとロンドンではキッチン付きのホテルに泊まり、ゆっくりとエコノミーな味を満喫してみました。

パリ『MONOPRIX』の朝食

Menu

●スクランブルエッグ………卵6コ 1.29ユーロ
●トマト…………………………量り売り小6コ 1.85ユーロ
●ブルーチーズ………………100g 1.28ユーロ
●パン……………………………1斤 1.20ユーロ
●ぶどうジュース……………1リットル 1.59ユーロ

今回密かに決めたルールは、そのスーパーのオリジナル商品のみで作ること、グレードがいくつかあったら一番安いものを買ってみること、です。さてこの日は『MONOPRIX』と行きましょう。チーズとジュースは値段の割にコクがあり、あっという間になくなりました。一方トマトは記憶に残らない味で、卵に至ってはかなり厳しい印象です。この朝食に点数をつけるとすれば、65点といったところでしょう……。パリは外食が安いので、フラリと食べに出た方が良かったかも。

ロンドン『Sainsbury's』の朝食

Menu

●目玉焼き………………卵6コ ￡0.50
●サラダ…………………袋入りサラダ4人用 ￡1.79
●クロワッサン…………4コ ￡1.59
●りんご…………………8コ ￡1.19
●オレンジジュース……1リットル ￡1.39

意外に美味しかったのが、りんごの中で一番安いRoyal Gala種でした。黄桃のような甘酸っぱさで、日本では食べたことのない味。しばらくテーブルの上に盛って、気が向いた時に食べていました。卵もパリと同じように最低ランクのものを買ってみましたが、なかなかどうしてこれが美味しかったのです。全体の中ではクロワッサンが今一つ。世界的にパンはパン屋さんで買うべきですね。点数は85点。これなら外で食べるより、ゆっくりホテルで過ごした方がお得ですね。

75
点

ロンドン『Waitrose』の夕食

Menu

●ドライトマトとオリーブオイルのスパゲティ………
ビン入りドライトマト £1.99／EXVオリーブオイル £1.29／
麺 £0.29×2／ニンニク £0.30
●サラダ………………袋入りサラダ £1.99
●ゆで卵………………卵6コ £1.09

現地の友人が訪ねてくるような時は、軽い夕食でも用意して、気兼ねなくホテルで遅くまで話し込みたいですね。この日は、スーパーの中では良い素材を揃えていると評判の『Waitrose』へ。余ったら持って帰るため、ビン入りのドライトマトとオリーブオイルを使いました。地元の人のすすめ通り美味しかったのですが、文字どおり“勝手”が違ったため手際が悪く、麺を茹で過ぎてしまいました。反省も込めて75点。卵の値段が『Sainsbury's』よりずいぶん高いことが判りました。

たっぷりのオリーブオイルでニンニクを炒める。
ドライトマトを入れたら早めに火を止める。

茹で上がった麺にからめてパスタは完了。

半熟以上固茹で未満の卵を適当に切り、マヨネーズで和える。

約30分で全部できあがり。

＊ホテルについてはP.126～127をご覧下さい。

Paris

FRANCE

Carrefour
Champion
Auchan
Casino
MONOPRIX
FRANPRIX

とある地下鉄のホーム。イスとイスの間が広くてホッとします。個人主義の国では、他人との間隔はとても重要です。

スーパーマーケットマニアは、フランスでお宝を探す

スーパーで働く人は接客マニュアルを覚えさせられ、誰もが決まった挨拶と決まった対応である……と思うのは私が日本人だから。ここフランスではたとえ大型チェーンのスーパーであっても、個人対個人の買い物になるのです。レジで精算する時は、まずしっかり相手の目を見て、にこやかに挨拶をしないと、8割方ぞんざいな扱いをされるでしょう。またレジのおばさんから「そこのソレとって」とか、当たり前のように頼まれ事をされるのには最初面喰らいますが、これも客と店員が対等である所以です。受け入れましょう。往来に従業員がいるにもかかわらず、商品が崩れっぱなしになっているのも、客がうっかり落として割ったビンがそのままになったりしているのも、どうやら管轄外の棚ではいっさい仕事をしない、という「受け持ちエリアを侵害しない」ことによるからなのです。見るに見兼ねて何度か片付けてしまいましたが、そんなことをしてしまったのはこの国でだけでした。そう、ここは徹底した個人主義の国なのです。

フランスのスーパーは、イギリスのように明確なチェーンごとの個性は無く、店のグレードは立地で決まります。その売り場には、他の国に比べると華やかで愛らしく、個性的なものが数多くあります。美意識の高い国なので、どうしようもなくセンスの悪いものはあまり見つかりません。古き良きデザインのものが、当たり前のように新製品と共に並んでいる姿を見つけた時には、宝を掘り当てた気分になります。しかし、長持ちするとか、健康に良いとかのこだわりは、ここではあまり感じられません。まず、値段と見合うものであるかどうかが、最大のポイントのようです。今もほとんどのスーパーが、フランスフランの値段を並記しており、ユーロにまだ慣れない人にも値段の把握をしてもらえる工夫がなされています。

人に見せたくなる良いものが、きっと見つかるフランス。くれぐれも愛想よく行きましょう!

独断と偏見のスーパー分布図その2:パリ

商品やディスプレイ、サービスなどの「センス」を縦軸に、現地で生活する人に尋ねた「値段」を横軸に、スーパーのポジションを考えてみました。

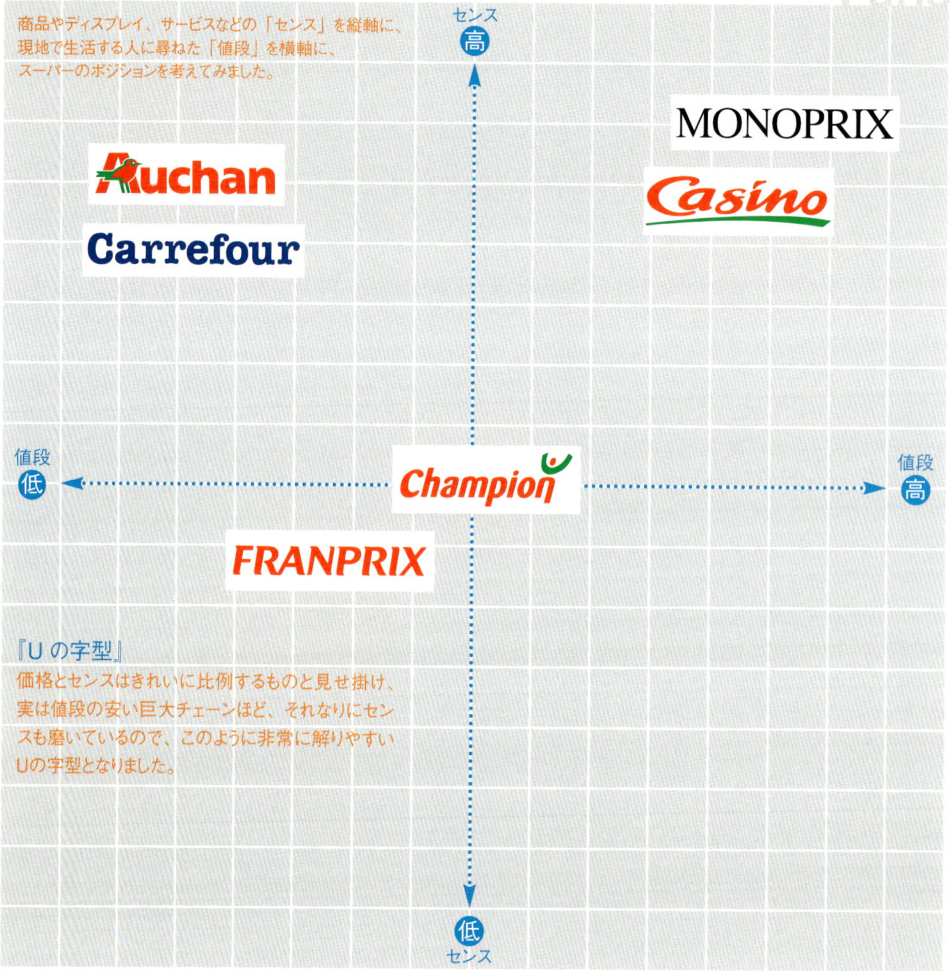

『U の字型』

価格とセンスはきれいに比例するものと見せ掛け、実は値段の安い巨大チェーンほど、それなりにセンスも磨いているので、このように非常に解りやすいUの字型となりました。

Carrefour（カルフール）……1959年創業、日本でもすっかりおなじみの、フランス最大にして世界第2位の大規模スーパーチェーンです。丁寧に見ると4時間かかる規模は、スーパー界のルーブル美術館!?　大型故にちょっと郊外に存在します。傘下には『**Champion（シャンピオン）**』という庶民的なスーパーがあり、店によってはマルシェ（市場）のような店頭演出がされていて、なかなか楽しいです。 www.carrefour.fr　www.champion.fr

Auchan（オーシャン）……『Carrefour』と並ぶ、ハイパーマーケットの双壁（フランスでは売り場面積が400～2500㎡をスーパーマーケット、2500㎡以上をハイパーマーケットと呼びます）。とにかく大きい、広い、友達と行くと確実にはぐれる。オリジナル商品はキッチンものが圧倒的に多いのですが、センスが良いのはティッシュやシリアルなどの箱もの。大人の鑑賞に耐える美しい写真が、効果的に使われています。　www.auchan.fr

Casino（カジノ）……1931年創業、サンテチェンヌに本拠地を置くスーパーチェーンです。『MONOPRIX』を傘下にし、順調に成長を続けています。小規模から大規模まで柔軟に展開され、繁華街から住宅地まで、さまざまな立地をカバーしています。銀行Banque Casinoも経営。www.casino.fr

MONOPRIX（モノプリ）……1932年創業、シャンゼリゼやサンジェルマン・デ・プレなどの華やかな繁華街にあるおしゃれなスーパーというイメージですが、地味な住宅地にもあり。繁華街では遅くまで営業しているので、旅行者にとっても非常に便利です。都市生活者をターゲットにしているため、他では見つからないセンスの良い雑貨や、小分けされた食品などが揃っています。　www.monoprix.fr

FRANPRIX（フランプリ）……桃のようなハートのマークが目印のディスカウント系スーパー。自社ブランドを多く揃える、倉庫系安売り店の決定版『LEADER PRICE（リーダープライス）』の系列店で、安さが売りの一つです。しかし大規模店の極端な値引きには太刀打ちできないので、そこは立地で勝負。狭い通路に高い棚がギッチリ、いつもたくさんの人で賑わっています。　www.franprix.fr

Carrefour（カルフール）

Créteil Soleil支店（Avenue du General de Gaulle, BP119 - Centre cial regional Créteil Soleil, 94012 Créteil）

地下鉄8号線のCréteil-Préfecture駅下車、改札を出て右へ行くと、大きなショッピングセンターに突き当たります。入り口の前で左を見ると、駐車場越しにこの巨大店舗が目に入ります。入店時のチェックが厳しいのも、フランスの大型スーパーの特徴です。スーツを着た大柄なガードマンにより、他店の買い物袋を持っていると、大きなビニールに入れた上に封をされたり、ファスナー付きのバッグはヒモでロックされたりします。フリーパスの時もあり、厳しさは時間帯やその他諸事情により変化します。ここCréteil Soleil店はCDやDVD、書籍はもちろん電化製品も豊富。またネジやペンキなどのDIY用品もずらりと揃っていて、東急ハンズのような一角もあり。商店街が5つ分くらいぎゅうぎゅうに詰め込まれたような、密度と賑わいを感じます。

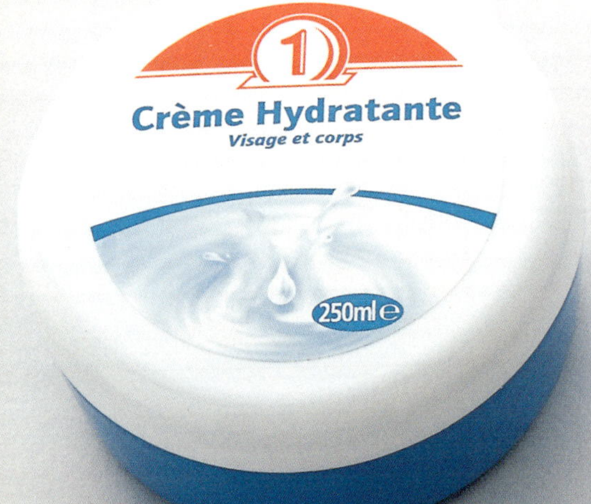

モイスチャークリーム

Crème Hydratante

ちょっとかすれたような風合いの、赤白青のトリコロールを使ったカルフールのオリジナル商品。これは一番値段の安い『“1” シリーズ』ですが、入れ物もシンプルで、見た目とっても爽やか。それほどチープさは感じません。250mlどっかり入ったクリームはさらっと伸びて使いやすく、乾燥するフランスではありがたいものです。

（Carrefourオリジナル, 1.44ユーロ）

ブルターニュのバタービスケット

Galettes Bretonnes Pur beurre

バター味とは書いてあるものの、安いラインだからそうでもないだろうなあ……と期待しないで食べてみたら、案外これが効いていて驚きました。フランスのスーパーは、お菓子の味の底辺が高いことが解ります。『ガレット』には2つ意味があり、この場合は「ビスケットやパイなどの甘いお菓子」。もう一つは「そば粉で作ったクレープ」に使われます。

（Carrefourオリジナル, Made in France, 0.33ユーロ）

歯みがき

Dentifrice au fluor

最近なぜかゴテゴテしたデザインが多い歯ブラシや歯みがき。なんとなく抵抗があったので、こういうシンプルなパッケージがかえって売り場で目立ちます。フタが本体にくっついていないのも、使う時は面倒臭いけど懐かしくて嬉しいです。味は強めのミントです。

（Carrefourオリジナル, Made in France, 0.33ユーロ）

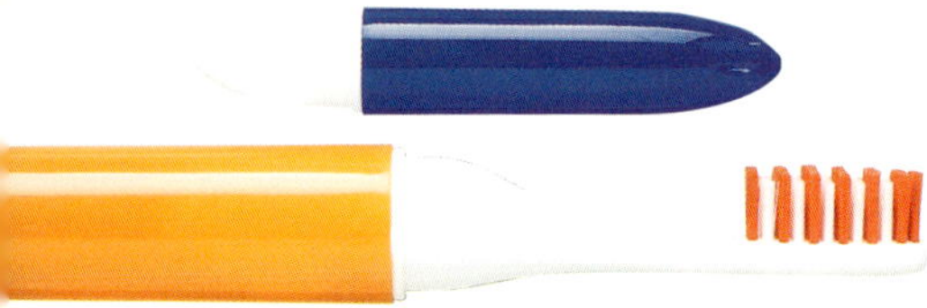

旅行用歯ブラシ
BROSSE À DENTS VOYAGE

格納するとロケットみたいで可愛らしい、『Carrefour』オリジナルの歯ブラシです。柄の色に合わせて、ブラシの色もコーディネートされています。太めで持ちやすいのですが、ブラシは東洋人にはちょっと大きいかも。とにかく色がカラフルで、楽しい旅行にぴったりです。
（Carrefourオリジナル,1.15ユーロ）

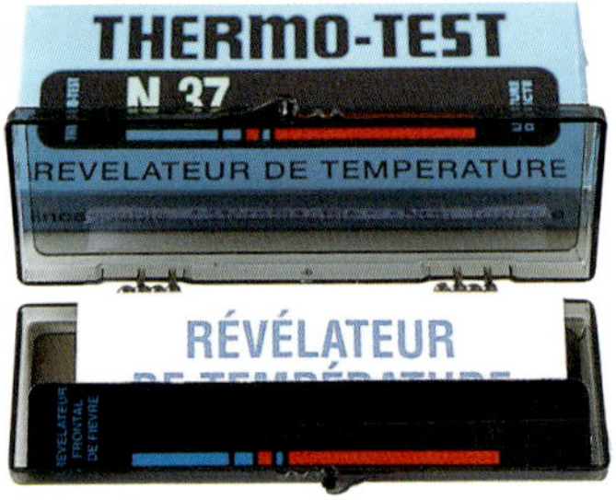

液晶おでこ体温計
THERMO-TEST

P.33にも登場している液晶体温計が、ここにもありました。フランス人の平熱は日本人よりも高く、37.2℃ということで、目盛りも37℃から始まっています。4年前に同じパリの『Carrefour』で買ったもの（写真下）と比べると、パッケージがチェンジされてかっこ良くはなったものの、雰囲気は以前の方がソフトな感じで良いですね。
（MAGNIEN社, Made in France, 2.27ユーロ）

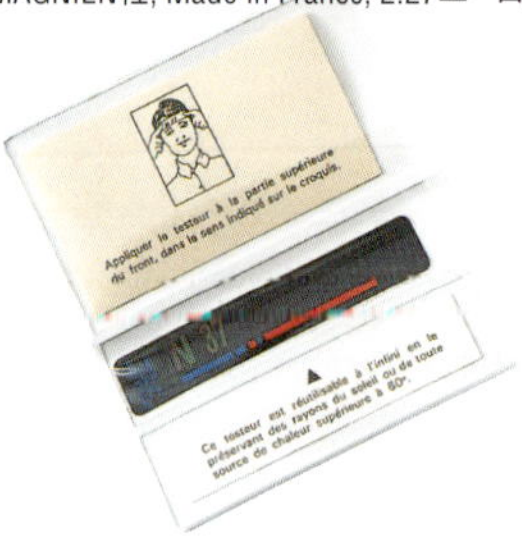

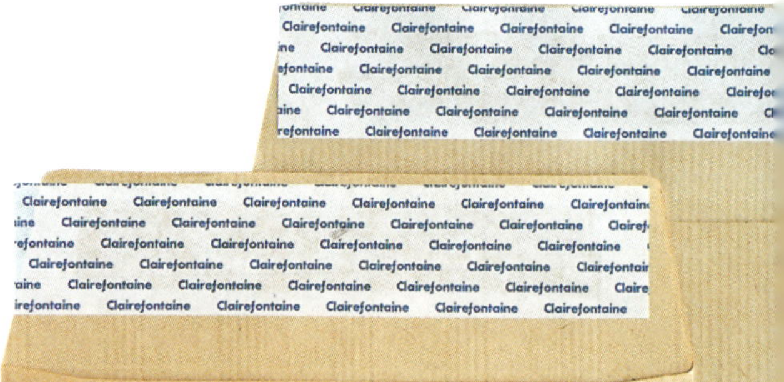

シール付き茶封筒
SACS KRAFT　POCHETTES ADHÉCLAIR Kraft

タテに薄く入ったストライプが魅力的な茶封筒です。フランスで最も著名な文具メーカー、『Clairefontaine（クレールフォンテーヌ）』のもの。この手の大きめ封筒は、ヨーロッパではなぜかフランスだけが「縦開き」なのだそうです。『Carrefour』傘下の『Champion』にて購入。
（Clairefontaine社, Made in France, 5枚入り1.08ユーロ／15枚入り2.60ユーロ）

冷凍食品用ラベルシール
Etiquettes

フランスでは冷凍食品を多用するので、フリーズパックにこういったラベルを貼り、中味を記入します。実は単なるシールかと思って、たくさん買っちゃいました。
（Carrefourオリジナル, 1.00ユーロ）

『LA POSTE（郵便局）』オリジナルの小荷物箱は、東京のケーキ屋さんがお持ち帰り用に使うくらい可愛らしいのです。郵便グッズ好きな人はぜひ。

Auchan（オーシャン）

La Défense支店（Centre Commercial Les 4 Temps PARIS La Défense）

つるんと平面的な新凱旋門が目印の再開発地区、地下鉄La Défense駅下車。広場に出たら市内を向いて右手にあるCentre Commercialの中にあります。どこもかしこも広いので迷ってしまわないよう、ところどころにある案内版で確認してください。『Carrefour』と同じく、エントランスには屈強そうなガードマンが無線を手にうろうろしているので、その気はなくともキンチョーしてしまいます。週末は移民の人達のさまざまな言語や歌が飛び交い、独特な賑わいに包まれる巨大店舗です。レジ待ち30分は覚悟!

ビン入りマヨネーズ

Mayonnaise

パッケージに『À COLLECTIONNER』とあるのは、「コレクション用」であるということです。70年代調のデザインが目に飛び込んで来て、中味が何でもイイからこのビンが欲しい! と思ってしまったので、まんまとこのメーカーの作戦にハマった訳です。パターンは全部で4種類。フランスでは有名なブランドの、ごくごく普通のマヨネーズです。これを買った後で改めてビンものの売り場を見ると、形や柄を工夫してコレクション用として売っているものが、他にもいっぱいあることに気付きました。日本はオマケの文化ですが、こういう売り方もあるんだなと感心。

（Bénédicta社, Made in France, 2コ入り3.20ユーロ）

冷凍食品用ラベルシール
Etiquettes autocollantes
これもまたフリーズパックに貼るためのシールです。こちらは『Auchan』カラーの赤一色が使われています。
(Auchanオリジナル, Made in France, 0.80ユーロ)

消しゴム
GOMME-GOMA
このどうでもいいおざなりの柄に、懐かしさと愛情を感じます。ボディの両側は空白で、名前が書けます。
(Auchanオリジナル, Made in U.E., 2コ入り0.82ユーロ)

ティーサーバー
Passe thé
『Auchan』がデザインし、アジアで生産しているシリーズです。ティーポットの形がシンプルで飽きません。
(Auchanオリジナル, Made in Asia, 2.10ユーロ)

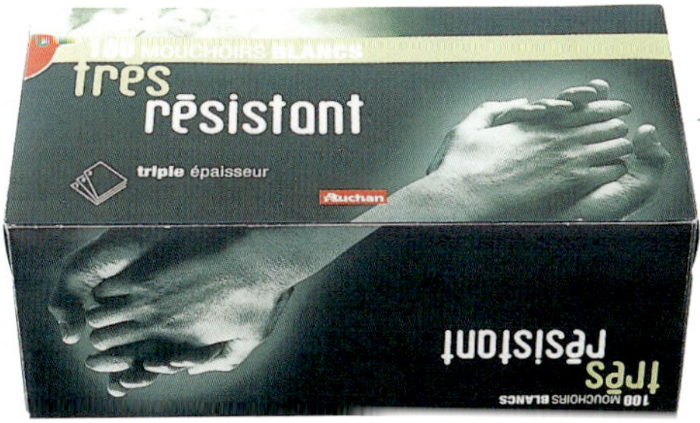

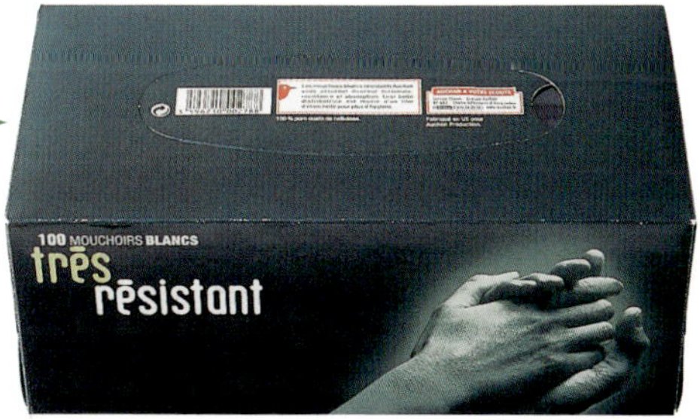

丈夫なティッシュ
très résistant
寡黙なパッケージデザインがすばらしいティッシュペーパー。3枚重ねた「強さ」が売りのティッシュなので、それをしっかりと繋いだ手で表現しています。売り場では取り出し口を下にして、情報面が見えるように陳列されていますが、買ったあと使う時にひっくり返すと、最低限のデザインしか目に入らないようにできています。使う人のためのデザインとは、こういうことです。
(Auchanオリジナル, Made in U.E., 1.40ユーロ)

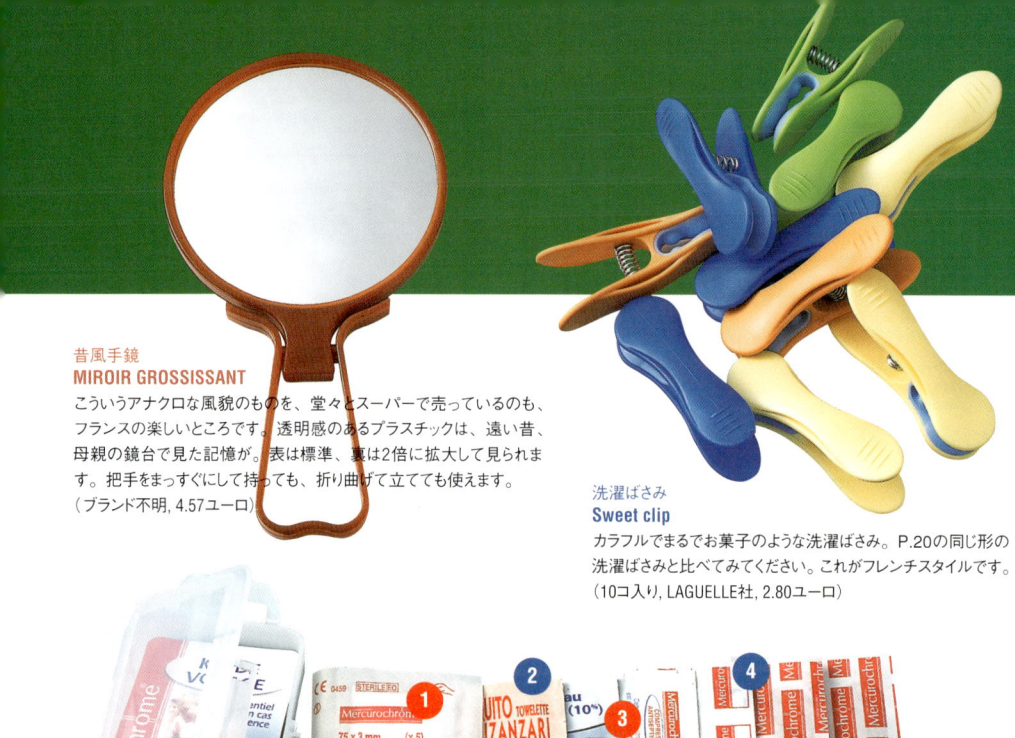

昔風手鏡

MIROIR GROSSISSANT

こういうアナクロな風貌のものを、堂々とスーパーで売っているのも、フランスの楽しいところです。透明感のあるプラスチックは、遠い昔、母親の鏡台で見た記憶が。表は標準、裏は2倍に拡大して見られます。把手をまっすぐにして持っても、折り曲げて立てても使えます。
（ブランド不明, 4.57ユーロ）

洗濯ばさみ

Sweet clip

カラフルでまるでお菓子のような洗濯ばさみ。P.20の同じ形の洗濯ばさみと比べてみてください。これがフレンチスタイルです。
（10コ入り, LAGUELLE社, 2.80ユーロ）

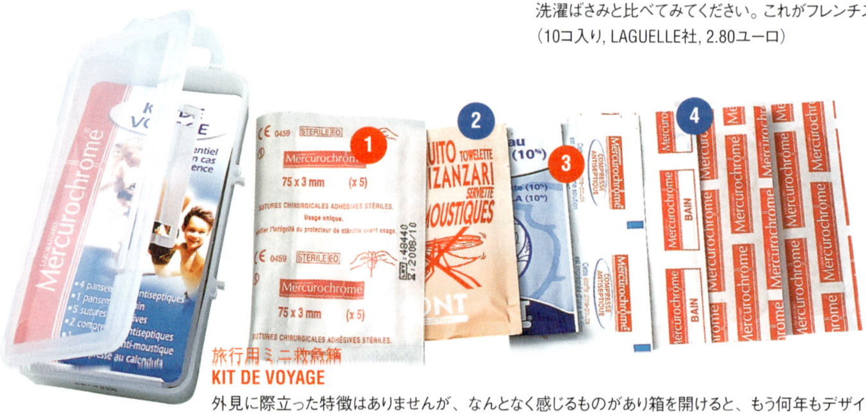

旅行用ミニ救急箱

KIT DE VOYAGE

外見に際立った特徴はありませんが、なんとなく感じるものがあり箱を開けると、もう何年もデザインを変えていないであろう小さな医療品が、ちんまりと詰まっていました。そう、スーパーマーケットマニアを極めると、フタを開けずに中味の想像がつくようになるものです……。1『外傷テープ』2『蚊よけパッド』3『ヒリヒリしない消毒パッド』4『絆創膏』が入っています。
（Laboratories JUVA SANTÉ社, 4.85ユーロ）

石板セット

ARDOISE Effaceur Eponge

ひんやりすべすべした手触りが心地良い、フランス名物の『石板』です。大きなスーパーならたいてい手に入ります。チョークかチョーク鉛筆で描き、スポンジで消せます。屋根にも使う「粘板岩（スレート）」という本物の石材が使われているため、梱包が悪いと割れてしまうので注意。20〜25年くらい前の小学生は、これを学校に持って行き、授業で使っていたそうです。

(LOCAU社, 3.40ユーロ)

Casino（カジノ）

Reuilly支店（45,Rue de Reuilly 75012 Paris）

地下鉄Reuilly-Diderot駅下車すぐ。低層の住宅街にある店舗で、大きくもなく小さくもなく、標準的なスーパーの大きさです。売り場よりも目立つのは、学食のように広々とした『Casino cafe』。買い物帰りに気軽に食事ができます。飾りっけのない店内ですが、従業員は親切だし量も多めで味もまあまあ。利用客はなぜか中年のおじさん率が高いです。

塩とコショウのカップル

SEL Salinette／POIVRE Poivrinette

実は彼らとは初対面ではありません。以前二人の友達から別々に、たまたまこれをおみやげにもらったことがあるのです。絶対に目を合わせてくれない、下向きの表情があまりにも可愛らしい。詰め替えができないのが難で、なくならないように恐る恐る使っていました。今回ここ『Casino』で感動の再会! これからもずっと、フランスで会えますように……。

（Salines d'Einville社, 2コで3.88ユーロ）

カラーボールペンセット
10 stylos bille de couleur
落ち着いたボディカラーのボールペンですが、描いてみるとインクはとっても明るい色。色鉛筆やマーカーのセットは良く見ますが、ボールペンは初めてだったのでつい手が出ちゃいました。Reynoldsはペン、特にボールペンで有名なメーカーでですが、品質に関してはあまり良くはないとの評判。ルックスは良いのですが……。
（Reynolds社, Made in France, 4.50ユーロ）
www.reynolds.fr/som_fra.htm

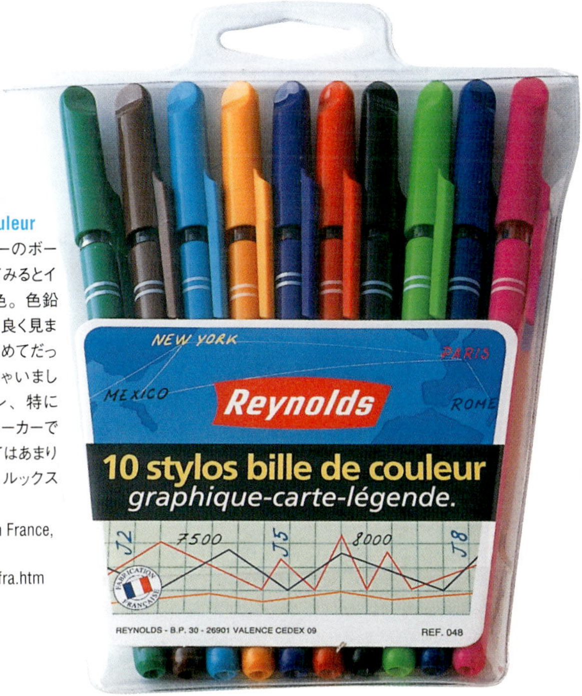

砂消しゴム
GOMME DOUBLE USAGE
白とグレーで見慣れた砂消しゴムも、フランスだと青と赤の組み合わせになります。
（Casinoオリジナル, Made in France, 0.70ユーロ）

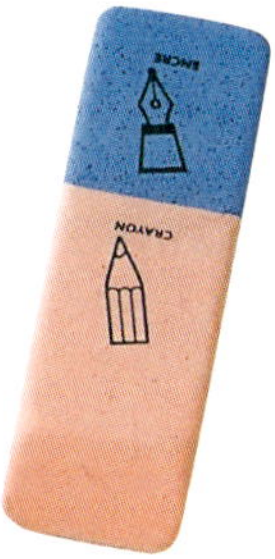

コルクキャップ
BOUCHONS COLLERETTE
落ち着いた色のコルクキャップ。たいていキャップ部分が何かの形になっていたりするので、こういうシンプルなものを、いつも心の片隅で探していました。
（Casinoオリジナル, 6コ入り1.95ユーロ）

MONOPRIX（モノプリ）

Saint Germain des-Prés支店（50 Rue de Rennes 75006 Paris）

地下鉄Saint Germain des-Prés駅すぐ、ファッションビルのように華やかな店舗です。数年前に改装し、それまでに比べてぐんとおしゃれな感じになりました。入ってすぐの1階から上は主に今時の衣料品、それ以外のものは地下になります。アクセスよく広さも適当、食品の他に文房具や食器などの雑貨も豊富で、パリのスーパーの中では一番楽しいところです。レシート裏の割引チケットの印刷が、どこよりもきれいです。

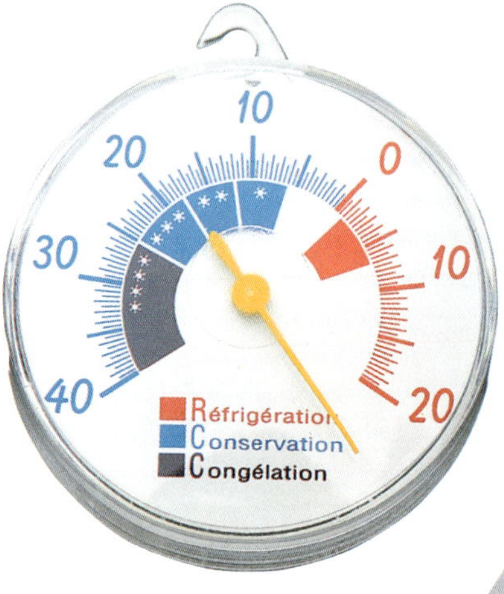

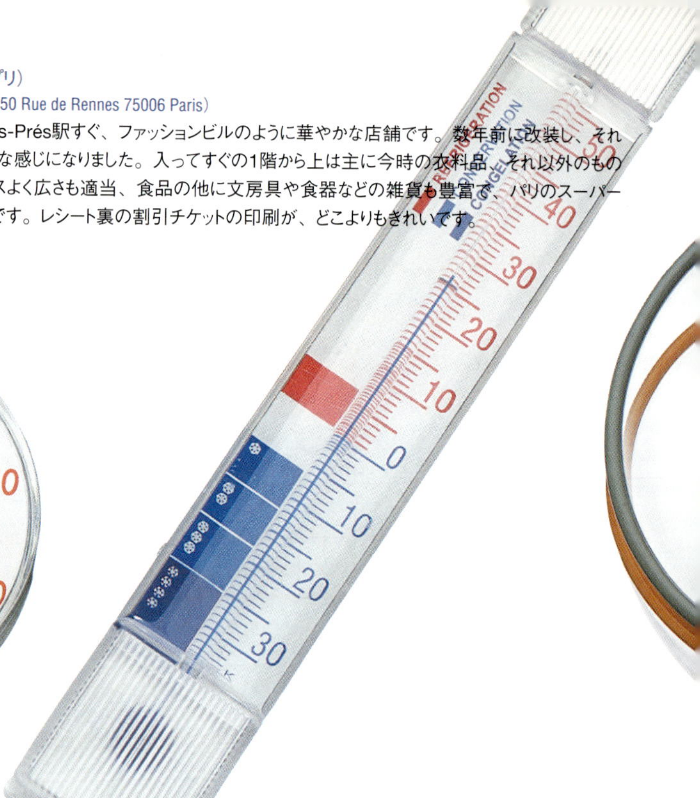

冷凍庫用温度計

THERMOMETRE CONGELATEUR

プレーンなデザインがとても愛らしい、フリーザー用温度計。左は針が動くメータータイプ、右は水銀計タイプです。水銀計の方は目盛りの上限が高いので冷凍庫じゃなくても使えそうです。フリーザーパック用シールのところでお話しした通り、フランスでは食品をよく冷凍するので、オルゴールみたいにフタをパカっと上に開ける、独立した冷凍庫が一般家庭にも多くあるそうです。目盛りに雪の結晶が使われていたり、針が鮮やかなオレンジ色だったり、細かいデザインを見ているだけで嬉しくなります。目盛りはそれぞれRÉFRIGÉRATION＝冷蔵、CONSERVATION＝チルド、CONGÉLATION＝冷凍、の意です。

（MONOPRIXオリジナル, Made in Italy, 各1.50ユーロ）

プラスチックのカトラリー
SET3 COUVERTS

木やセトモノやプラスチックの、要するに金属以外のカトラリーが好きです。プラスチックとなると色が限られている上に、たいていサイズが小さいのですが、これは結構大きめで、色も渋いので即買いでした。
（ブランド不明, 3本セット1.00ユーロ）

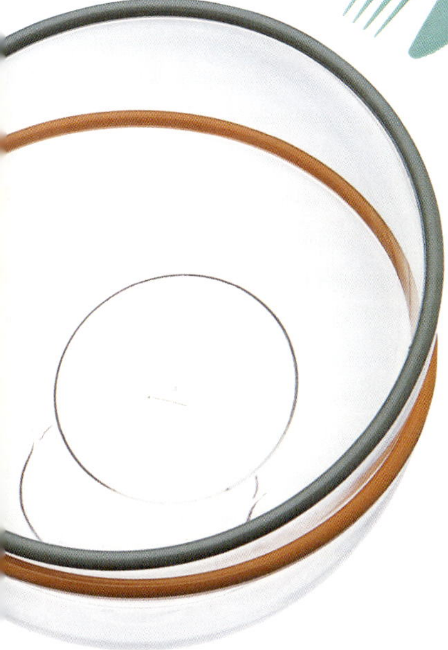

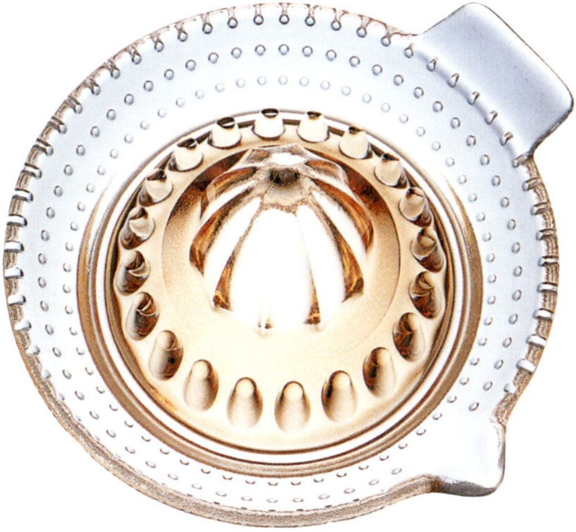

プラスチックボウル
COUPELLE

お菓子や果物を入れるための、さまざまな色と大きさが揃っている手軽なボウルです。グリーンの方は、ほんの少しだけグレーが入ったアダルトなカラーリング。お手本にさせていただきたいです。
（MONOPRIXオリジナル, Made in Italy, 各1.50ユーロ）

レモン搾り
PRESSE CITRON

日本においてはデッドストックを扱う雑貨屋さんでしか見られないような、昔ながらの懐かしいレモン搾りです。この微妙なオレンジ色は、裏面から吹き付けることによってうまく演出されています。こんなものにばったり出会えるのがフランスのスーパーの醍醐味です。
（ブランド不明, Made in France, 6.00ユーロ）

オーガニックスポンジ
Origine ÉPONGES VÉGÉTALES

「とても美味しそう」だと思って買ったスポンジです。触ってみると、そのしっとりした感じはまさにパンそのもの！ 植物性の素材でできているオーガニック製品です。ポツポツと見えるカラフルな粒は、汚れをよく落とす固い粒子です。
（Mapa-Spontex社, Made in France, 3コ入り2.07ユーロ）

ガビョウと輪ゴム
100 PUNAISES／Gummiringe
文具メーカーClairefontaineの系列会社、EXACOMPTAのガビョウと輪ゴムです。Clairefontaineは主に紙の製品を、EXACOMPTAはそれ以外の文具で、常に気になる斬新なデザインのものを作っています。パッケージに大きいイラストでアピールしている通り、ガビョウの頭がつるんと丸く、きれいな艶がありとても可愛らしい。輪ゴムはご覧の通り控えめな色で、3種類の大きさのものが入っています。こんな小さなものでも、使ってみると新鮮な気分で仕事ができるから、本当に不思議です。
（EXACOMPTA社, 各1.30ユーロ）www.exacompta.com

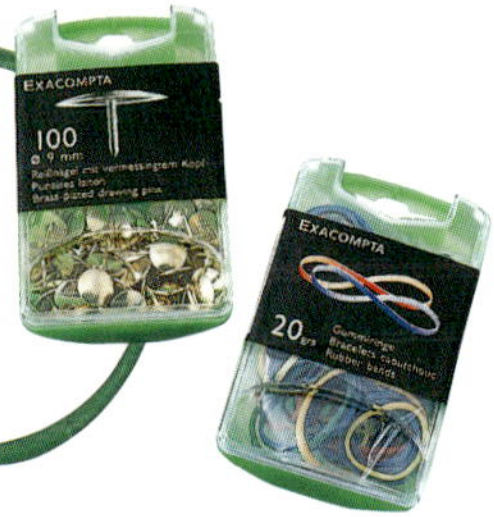

ブロックメモ
Bloc NOTES
これもまた、昔の日本にもよくあったブロックメモです。当時は必ず電話の側に置いてあったものですが、携帯電話の普及で「人に言付ける」ということがなくなってしまったからでしょうか、いつの間にか見かけなくなりました。フランスでは今でもほとんどの家にこのメモがあるそうで、なんだかほっとします。それはともかく、これらの色のチョイスがさすがです！
（COUNTRY社, 600枚入り5.70ユーロ）

シェービング用クリーム石鹸
Bol a Raser
傍らを通り抜けたおじいさんのトローリーの中に、ちんまりと1コだけ置いてあるのに一目惚れし、思わず買ってしまった石鹸です。ホテルに戻って良く見たら、なんとヒゲそり用のものでした。ヒゲが生えてなくて残念……。これもまたかなりの昔から変わらぬデザインとのこと、丸っこく片手にすっぽりと収まり、もう一方の手で泡立てるのに都合良くできています。日本と同じ床屋さんの香りがします。
（MONSAVON社, Made in France, 1.50ユーロ）

column 005

Champion

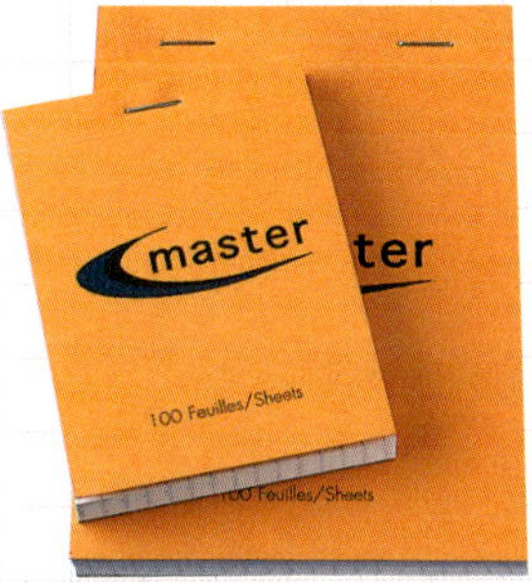

Ⓜ 147×103mm, 1.02ユーロ
Ⓢ 103×73mm, 0.68ユーロ

Carrefour

Ⓜ 0.90ユーロ
Ⓢ 0.60ユーロ

Auchan

Ⓜ 0.95ユーロ
Ⓢ 0.70ユーロ

ノートのデ・ジャ・ヴュ

オレンジ色の表紙の方眼ノート『RHODIA（ロディア）』は、日本でもいろいろなところで売っているので、知っている人は多いでしょう。それが、『Clairefontaine（クレールフォンテーヌ）』という、フランスのメーカーが作ったブランドだということも、知っている人はいるでしょう。しかしどれほど熱烈に愛されているかを、知っている人はあまりいないでしょう。フランスではどこのスーパーでも『RHODIA』仕様のノートを見かけます。実は全部『Clairefontaine』が作っているのですが、それを知らずに見た時には「あ、ここにも似たものが」「ここにも!」「こんなに良く似たものを作ってしまって良いのだろうか?!」と心の中で叫んでおりました。この「縦型」「5mm方眼」「切り取り線」に長い間親しんでしまうと、他のものを使う気がなくなるそうです。学生であれば引き出しのスペースも、デザイナーであれば使うペンも、『RHODIA』によって決まるとか。フランスから『RHODIA』が無くなったら、暴動が起きてしまうかも。

本家本元、RHODIA
（日本・ASKULにて）
大¥189
小¥141
www.clairefontaine.com

FRANPRIX（フランプリ）

Saint Germain des-Prés支店（71 Rue de Rennes Paris）

地下鉄Saint Germain des-Prés駅下車、『MONOPRIX』の斜向かいにあります。店の入り口が通りに面しておらず、ハート形のフランプリ印がある壁に沿って中に進むとお店の入り口があります。棚と棚の間が狭く、商品はギッチリと高く積まれているので、小さい店舗ですが、商品はどっさりです。

*GPSを使った精密測定によるとエベレストは8848m、モンブランは4807mです。
昔ながらの包み紙なので悪しからず。

8846

1/12

角砂糖
Les Hauts Sommets
これがフランス一番の収穫、「世界の山」角砂糖です。包み紙は10種類あり、一つ一つに、高い山やそれにちなんだものの絵が入っています。しかも両サイドには、山の高さや縄の結び方などに関するクイズも入っていて、見ていてとても楽しいデザインです。見れば見るほど使うのが惜しくなります。ところでフランスでエスプレッソやコーヒーに入れる砂糖と言えば、昔も今も角砂糖が主流です。コーヒーにちょっと浸してカリっと食べる人も、結構多いのだそうです。メーカーは1865年創業の老舗SAINT LOUIS。
(SAINT LOUIS社, 180包3.20ユーロ)
www.saintlouis-sucre.com

カマンベールチーズカッター
BOITE A CAMEMBERT
誰もが知っているフランスの代表的なチーズ、カマンベール。これを宴の席で均等に切り分けられないと、末代までの恥と語り継がれてしまう……と言うのはウソです。現地の人も初めて見たと思わず笑う、今までひっそりと存在していたカマンベールカッターです。こういう他に何の用も成さない、単機能の雑貨というのはなんとも愛おしいですね。日本で言えば豆腐カッターのようなものでしょうか。大きさに合わせて4種類あります。
(ブランド不明, Made in France, 2.56ユーロ)

封筒
Enveloppes
透けないように、内側にきれいなブルーの色が引いてある封筒の得用パックです。100枚入りでこの値段は安い！　裏に入った『LA POSTE（ラ・ポスト／フランス郵便局）公認印』のオレンジ色がとってもキュート。製造は系列の激安店『LEADER PRICE』です。
(LEADER PRICE社, Made in U.E., 1.85ユーロ)

角砂糖ケース　トング付き
BOITE A SUCRE＋PINCE
初めて見た時、この色と形に懐かしさを感じ、何のためのケースなのか謎のまま買ってしまいました。田舎の祖母の家にあった「薬箱」にそっくりだったのです。辞書を引くと、砂糖ケースであると言うことがすぐに判りました。左の「世界の山」角砂糖が全部そっくりそのまま入る大きなケースです。
(ブランド不明, Made in France, トング付き3.18ユーロ)

これなら持ちたい、スーパー袋ランキング

自前のものを持って行かなければ、買い物袋はそのスーパーでもらうか買うかするものです。たいていはロゴマークがバーンと入っているので、歩く広告に甘んじなければならない……そんな時のために、持っていて恥ずかしくないスーパー袋を選んでみました。
これらの袋はほぼ全て有料で、繰り返し使うよう呼びかけられています。

Waitrose U.K.
真ん中でしっかり綴じられており、上から見ると花のように袋が開き、ワインが6本入ります。

Sainsbury's U.K.
まぶしいくらいビビッドなオレンジ色。広いマチと丈夫なビニール地は、どんなに詰め込んでも大丈夫です。肩掛けできる把手も魅力。

HEMKÖP Sweden
大きな字で「食は愛情」と書いてあります。太陽くんマークが叫んでいるみたいで可愛い。

COOP KONSUM Sweden
お店のウインドウから店員さんのネクタイにまで使われている、POPな『COOP模様』です。

2
第２位
Carrefour France
W470×D470mm　0.22ユーロ
この14枚の中では一番ロゴが小さいであろうスーパー袋です。しかも下の方にあるので、買い物をして袋がふくらんだらほぼ確実に見えなくなります。ロゴは見えなくとも、この大胆なデザインで『Carrefour』のものだと世間は認識するのでしょう。

ICA Sweden
昭和の頃を思い出す懐かしい紙袋。スウェーデンの春は短いので、花や蝶は人気のあるモチーフです。

Boots U.K.
小振りなペーパーバッグ。これを持って公園に行きたくなります。

1

第1位
Waitrose U.K.
W470×D400mm　£0.10
きれいなブルーに気持ち良く抜けた構図、なによりこのキリリとした牛の表情がすばらしい！ ロゴは控えめな大きさで、袋の中で一番ヨレやシワができない、把手の下に配されています。初めて買う時には£0.10必要ですが、よれよれになったら無料で何度も交換してもらえます。

Reichelt Germany
大きめの真四角で、マチもついた珍しいエコバッグです。ロゴは表だけにしか入っていないので、気になる人は裏面に。

eo, Germany
オレンジ色のロゴが、茶色に良く似合います。

Sainsbury's U.K.
丈夫なビニール地。ワインが6本入る仕切りがあります。

Auchan France
コーポレートカラーの赤と緑を、把手と写真に上手く使い分けています。フランスの袋はどれも、ロゴが本当に控えめ。

3

第3位
Auchan France
W600×D480mm　0.69ユーロ
ロゴの大きさは2位の『Carrefour』よりもちょっと大きめですが、把手なので持ってしまえばほとんど見えません。クリーム色が上品な生地は、レジャーシートに使われるもので、かなりヘビーなものを入れても耐えてくれます。値段も安いし、肩掛けできれば1位だったかも。

Sainsbury's U.K.
厚手の保冷袋です。雪の結晶は、よく見ると不思議な形！

Waitrose U.K.
買い物メモホルダー付きで便利。

Carrefour France
赤白青の楽しいトリコロール。かなり大きくそして重く、広い店内を引き回すためにタイヤの消耗が早い。残念ながら壊れているものが多いのです。

COOP KONSUM Sweden
忠実にミニチュア化された子供用。コイン入れもそのまま! 子供にとってはこういうところがウレシイのです。大人用トローリーの死角に入らぬ様、ハタが付いています。

第1位
1

eo, Germany
これは美しい! 生活臭のカケラも全く感じられない純白のトローリー、ここ以外では見られませんでした。また、大型店ではコインを入れてトローリーを使う仕組みが一般的なため、持ち手のデザインがどうしてもごたごたと重たくなりがちですが、そのような機能も全て削ってあるので、とてもシンプルです。押し心地も◎。対照的に子供用はカラフルです。

使ってみたい、買い物トローリーランキング

スーパーになくてはならないもの、それはトローリー。トローリーには、そのスーパーの規模、客層、棚の間隔、床の良し悪しなどのあらゆる情報が隠されています。こだわりのあるスーパーは、トローリーにもそれが反映されているはずです。あらゆる面から比較検討し、ベスト3を選出してみました。スーパーマーケットマニアならば、日本に持って帰りたいと思うものが、一つや二つあるであろう……。

第2位

Sainsbury's U.K.

オレンジとブルーの『Sainsbury's』カラーでまとめられた、ベビーシート付きトローリーです。大型店に相応しい大型トローリーで、他に双子用と兄弟用（大小のシート）もあります。『Sainsbury's』は店内の棚の間隔が広々しているので、どんなに大きなトローリーでも大丈夫。このシートだったら、きっと子供もいやがらずに乗ってくれるでしょう。乗り心地を試せないのが残念です。

第3位

ICA Sweden

大きなトローリーを押すまでもなく、かといってカゴでは重いかもしれない、という時の、カゴ1～2コ用トローリーです。他店でも見かけますが、ここ『ICA』のものが一番場所を取らず、カゴの位置も高からず低からず適当で、操作性も抜群でした。操作性以前に、床の状態が非常に良いのも、スウェーデンのスーパーの特徴でした。

Atack France

コンビニタイプのスーパー。トートバッグのようなカゴが珍しいので、撮らせてもらいました。

Auchan France

赤と緑の『Auchan』カラー。このタイプは皆に人気で、見つけるのに苦労しました。カゴの内側がカーブしているので、取り外して持った時、身体にぶつかっても痛くありません。

TESCO U.K.

なんてカッコいい子供用トローリー！（のりのりで働く『TESCO』のお兄さん、いざ撮影となったらなぜかちょっとトーンダウン……）

買って読みたい、スーパー雑誌ランキング

大手スーパーチェーンが独自のニュースソースで編集発行している雑誌は、それぞれがドメスティックな香りに満ちていて、読めなくても見ているだけで面白いものです。初めて見る食材、国内旅行の広告、現地では有名だけどぜんぜん知らない芸能人……を楽しむことができます。ここでは集めて来たスーパー雑誌をいろいろな角度から観察し、そのセンスを探りベスト3を決めてみました。

1

第1位
『FOOD』
Waitrose U.K.（月刊／£2.00）
タイトルの通り、食がテーマのスーパー雑誌です。話題の食材、郷土料理のレポート、季節のレシピなどなど、豊富な情報量で他誌を圧倒しています。とにかく写真の撮り方が非常にユニークで美しいのです。記事の質も、本自体の紙質も、本屋さんで選んだ末に買う一冊の雑誌と同じように、十分満足できる内容。自由奔放に作っている自社広告にも注目です。

2

第2位
『VIVre』
Champion France（月刊／FREE）
子供だけのクッキング、映画評にTV評、簡単なわとびエクササイズ、自分でできるファッションのひと工夫など、身近な生活情報が盛り沢山で、詳しい意味は解らなくとも、目を通しているだけで楽しくなる雑誌です。一つ一つの記事がとても短いので、フランス語を勉強している人に良いかも!

第3位
『Kuriren』
ICA Sweden（月刊／14.00kr）

今月の特集は『セクシー&スポーティな靴』、春から夏に履けそうな靴がずらり揃っています。他には家具や住宅に関する比較検討、家庭で使う電動ドリルの性能比べ、人物インタビューなど他国のスーパー雑誌と比べ、食に関する記事が比較的少ないのが特徴です。対象年齢高めの、インテリジェンスを感じさせる作り。リサイクルされた資源で作っているため、紙質はちょっと荒れた感じです。

FREE

『What's New!』
TESCO U.K.（FREE）

例えば4月ならば、イースターのお菓子や母の日のための料理レシピなど、そのシーズンにぴったりの商品情報（ほとんど広告）が満載です。

『magazine』
Sainsbury's U.K.（£1.20）

1位のWaitrose『FOOD』の競合とも言える『magazine』は値段も抑えめ。食に関する情報の他に、薬や化粧品、家具や食器、またガーデニングについての特集も多く、差別化を図っています。

『A fresher way』
Safeway U.K.（FREE）

主に食に関する記事と、タイアップ広告による雑誌です。家族で囲む食卓やダイエット情報など、庶民的な内容。子供モデルが抜群に可愛い。

Berlin GERMANY

KAISER'S／Reichelt／SCHLECKER／DROSPA／eo,／EDEKA

スーパーマーケットマニアは、ドイツで考える

「これはやっぱりドイツのものでなくては」と思うものが3つあります。それは、粘土と靴とスーツケース。仕事で使う粘土は私の生活を支え、靴は私自身を支え、スーツケースは私の旅を支えてくれる。どれも生活に深くそして長く関わっているもので、使い倒してはまた同じものを買っています。ドイツのスーパーには「これは長年ちっとも変わっていない商品でね」というものがたくさんあります。フランスと違うのは、そう聞かないと気付かない事です。つまりデザインが古くなっていないのです。

ドイツの商品は、曖昧な雰囲気よりも文字を大きく使い、タイトルをしっかり伝えているものが主流です。とにかく質にはとことんこだわり、食品は味覚よりも効能、医薬品は劇的な効果よりも成分、雑貨はセンスよりもエコ度（素材）を優先しているように見えます。商品に対する審査機関も多くあり、消費者がいろいろ買い比べなくても判るようになっています。今では広く知られている事ですが、ドイツのスーパーにおける中味の詰め替えや空ボトルの回収の徹底は、やはりすばらしいことです。ここに居ると、どんなに小さくても人間がつくり出したものというのは、環境に影響してしまうのだと納得できます。

独断と偏見のスーパー分布図その3:ベルリン

商品やディスプレイ、サービスなどの「センス」を縦軸に、
現地で生活する人に尋ねた「値段」を横軸に、
スーパーのポジションを考えてみました。

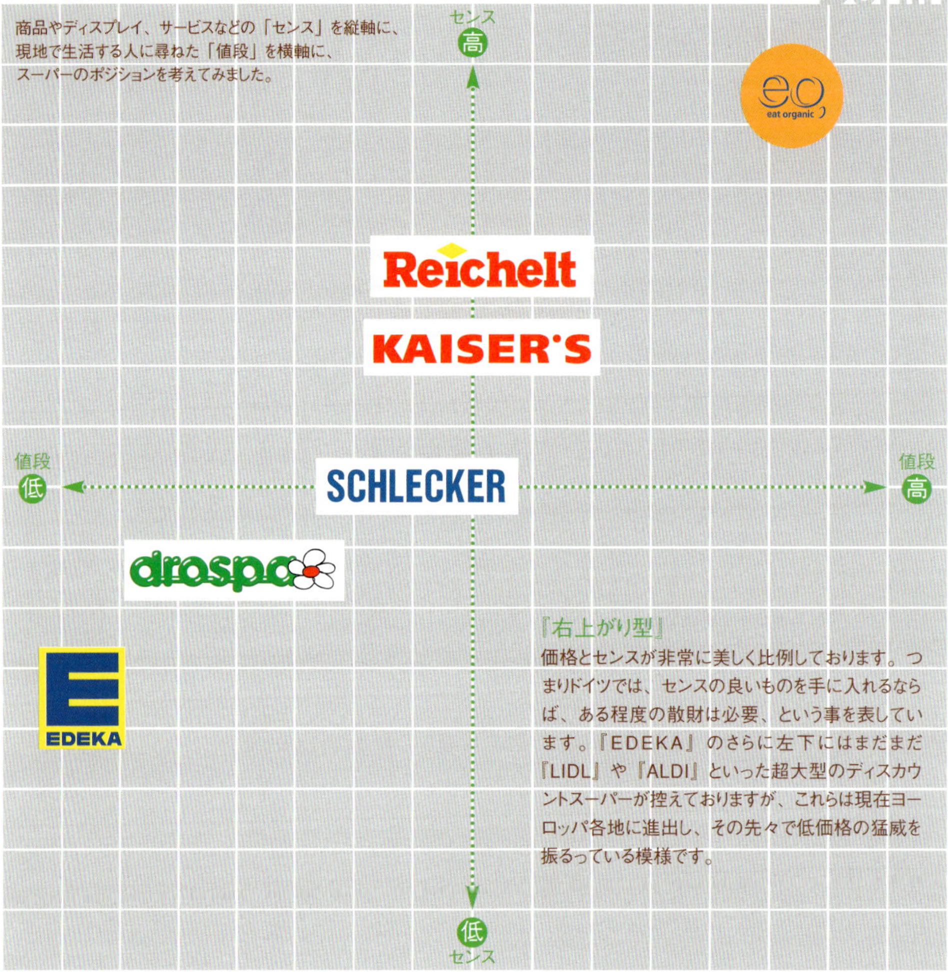

『右上がり型』

価格とセンスが非常に美しく比例しております。つまりドイツでは、センスの良いものを手に入れるならば、ある程度の散財は必要、という事を表しています。『EDEKA』のさらに左下にはまだまだ『LIDL』や『ALDI』といった超大型のディスカウントスーパーが控えておりますが、これらは現在ヨーロッパ各地に進出し、その先々で低価格の猛威を振るっている模様です。

KAISER'S（カイザース）……国内に約500店舗を展開する、ドイツ最大のチェーンです。バイエルンが発祥の地であり、当地では『TENGELMANN（テンゲルマン）』の屋号で展開されています。今後は『A&P KAISER'S（A＝アトラクティブ／魅力的　P＝プライスベルト／安い）』という名前で統一される予定。商品はよく整頓され、ゴミ一つないのはさすがです。www.kaisers.de

Reichelt（ライヒェルト）……昨年2003年で創業100周年を迎えた、ベルリンが本拠地の大手スーパーです。100周年記念グッズは今もちらほらと見かけます。『KAISER'S』とよく似た、整然とした店内。ツートンカラーが目印のオリジナル商品は、派手ではありませんが慣れるとよく目に入ります。www.reichelt-berlin.de

SCHLECKER（シュレッカー）……欧州全体で1万3000店舗以上を誇るドラッグストア系スーパー。ベルリンをちょっと歩くと、どこにでも見つかる便利なお店です。医薬品から化粧品まで細かいものがいっぱいで、ドラッグストア好きにはたまりません。絆創膏などにオリジナルブランド『AS』があります。www.schlecker.com

drospa（ドロスパ）……ここもいろいろなところで見かける、ドラッグストア＋ディスカウント系スーパーです。チカラの抜けた他愛のないものが多いのですが、そんな中に結構面白いものが見つかったりするのであなどれません。店頭にはたいてい、その店なりの安売り品が並ぶワゴンがあり、ついつい見てしまいます。（現在ホームページなし）

eo,（エーオーコンマ）……まだ創業3年目の若々しいスーパーです。自然素材にとことんこだわった品揃え、スタイリッシュなディスプレイなど、他チェーンとは一線を画しています。現在ベルリンに4店舗と小規模ですが、今後どんどん拡大される予定です。www.eokomma.de

EDEKA（エデカ）……ボランタリーチェーンという、店主の判断で好みの品揃えにできるスーパーだそうですが、実際はどこのEDEKAもかなり似通っていて、ディスカウント色が強くなっています。ドイツのスーパーにしては珍しく、チープなものもゴロゴロ。ボランタリーの数だけで見ると、なんとヨーロッパでは一番多いとか。www.edeka.de

KAISER'S（カイザース）

Potsdamer Platz支店（Potsdamer Platz 10785 Berlin）

地下鉄Potsdamer Platz駅地下直結の、大きなショッピングセンターにある店舗です。いつ行っても整然としていて、恐いくらいに静か。レジを出た向かい側には『KAISER'S』直営の小さなスタンドカフェがあり、コーヒーとサンドイッチなどの軽いおやつがいつでも食べられます。

ショッピングセンターの一番奥にある『KAISER'S』。左がお店の入り口で、右にカフェスタンドがあります。照明が抑えめで落ち着きます。

品物の入れ替えをしていたPotsdamer Platz支店主任 Yvonne Peterさんに、お話を伺いました。

「現在『KAISER'S』はドイツでは一番大きなチェーンです。今のところ、ドイツ以外への展開はしていません。系列店には『PLUS（プルス／ディスカウント系）』というスーパーがあります。（競合と言われている）『ALDI』については、ライバルとは思っていません。なぜなら、こちらの方がずっと新鮮なものを揃えているからです。『KAISER'S』が独自に工夫していることは、週ごとの安売り商品を決め、チラシなどでアピールすることです」ドイツでは日本のスーパーで見るような日替わりサービスというのはほとんどなく、週単位が基本です。安売り商品は食品に限らず、ストッキング、ヘアアクセサリーなどオールジャンルから選ばれます。時には精肉の前に安売り自転車が並んでいることも。……案外大胆!

トローリー専用オリジナルコイン
EINKAUFS-WAGEN-CHIP

大型スーパーにあるトローリーは、1ユーロコインを入れないと、他のトローリーの列から離すことができません。使い終わって元通りにするとコインも戻りますが、買い物のたびにいちいちコインを探すのはめんどうくさい……というわけで1ユーロコインと全く同じ大きさで同じように使える、この『トローリー専用コイン』を常に携帯しておけば便利です。
（KAISER'Sオリジナル, Heinz Trober社, 0.49ユーロ）

昔懐かし麦コーヒー

Linde's

戦時中、コーヒー豆が輸入できなかった時に作られた、麦のコーヒーです。赤や茶を基調にしたものが多いコーヒー製品の中で異彩を放つ、落ち着いたブルーのパッケージ。デザインは当時から変わっていないそうです。「麦焦がし」を彷彿とさせる素朴な味。カフェインフリーと言うこともあり、健康を気遣うドイツ人に永く愛され続けています。おしゃれなカフェのメニューの中にも見かけます。

(Nestlé社, 1.19ユーロ)

布製茶漉し
TEEFILTER BETTER TEA
あまりイメージに無かったのですが、ドイツの人はハーブティーや紅茶などのお茶類をよく飲むそうです。これは、金魚すくいのような形が気になって手に取った、生成りの茶漉しです。金属製の茶漉しよりも身体に良く、布に茶渋が付くことで一層風味豊かになるそうです。
（ブランド不明, 1.79ユーロ）

黒コショウ
Pfeffer Schwarz gemahlen
黒とゴールドが基調のイラストがシブ可愛い、ベルリンの食卓で最もポピュラーな調味料です。大きめサイズだから大胆に使えます。振り出し口には4種類のバリエーションがあり使いやすく、詰め替えも簡単です。
（FUCHS社, 2.19ユーロ）

塩、ヨード入りの塩
Stern salz／Stern salz mit Jod
これが非常にドイツらしい、タイトル文字がドーンと主役になっているパッケージです。青い方は普通の塩。黄色い方は、海藻を食す習慣があまり無いドイツ人のためにヨードが入っています。
（Merschbrock-Wiese社, 青0.20ユーロ/黄0.25ユーロ）

バターケース
Kühlschrank-Butterdose
角が丸くコロっとした佇まいが魅力的なバターケース。有名なオランダのバターのラベルが入っている、タイアップ製品です。ドイツの人の多くは、オランダのバターが一番美味しいと信じているそうです。
（wenco社, 2.19ユーロ）

fünf plus drei gleich acht

ロシアパン

RUSSISCH BROT

数字で遊んでみたくて買いました。サクサクと歯触りの良い、カラメルの香りがほんのり漂う素朴なお菓子です。パンと言うよりも、カンパンに近い感じ。袋に書いてある解説を見ると、「古いロシアではゲストをパンと塩でもてなすことが歓迎のしるしでありました。それを聞いたウィーンの宮廷職人が作った優雅なパン菓子が『ロシアパン』と呼ばれるようになったのです」……とのことです。
(GRIESSON社, 1.19ユーロ)

子供のラスク

Brandt Der Markenzwieback

一度見たら忘れられない、人形のようにピカピカな子供の笑顔。昔から子供のいる家庭で親しまれてきたラスクで、このパッケージのデザインがTシャツのプリントになる程ポピュラーです。味は非常に淡白で甘さも少なめ。子供が体調を崩した時によく食べさせるのだそうです。

（ZWIEBACK-SCHOKOLADEN社, Made in Germany, 0.95ユーロ）

頭ぺったんこのガビョウ

Reißnägel

日本のものに比べて頭が小さく、そして厚みも薄いガビョウです。存在を主張しない、でも明らかに違う形が楽しい。

(herlitz社, Made in Germany, 1.89ユーロ)

輪ゴム

Gummiringe

紙を切り抜いたようなマットな発色。3種類の大きさの詰め合わせです。

(wenco社, 1.69ユーロ)

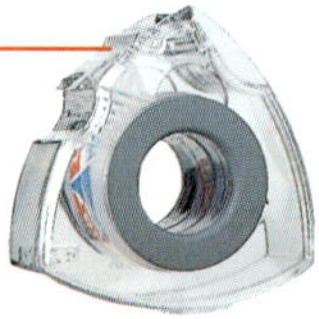

クリアテープ

Film Kristall-klar

ホコリが中に入らない、コンパクトなテープカッター。ある時テープを常にホルダー中央に固定するための突起を発見しました。小さいところに大きな工夫を見つけると、クイズに正解したような気分になります。

(tesa AG社, Made in EU, 2.29ユーロ)

スケッチシート

Zeichenblock

万年筆で有名な『Pelikan』社。2代目社長の紋章がペリカンだったのだそうです。由緒あるメーカーのスケッチシートがスーパーで気軽に買えるなんて! 風でめくれないように下部も留めてあり、野外でのスケッチに最適。

(Pelikan社, Made in Germany, 1.19ユーロ)

とんがりクリップ

Büroklammern

紙に留めてみると、細長い家の入り口のようでも、矢印のようでもあります。人に見せたくなるクリップです。

(herlitz社, Made in Germany, 1.79ユーロ)

column 009

カメとカエルがキスする理由

世界的におなじみになった、布製エコバッグ。価格はだいたい0.10〜0.15ユーロ、主にスーパーや市場に持って行き、くり返し使う買い物袋のことです。ところでドイツはベルリンで最近ちらちらと見かける、気になるこの柄……。つるんとしたキャラクターに慣れた日本人にとっては、ちょっとリアルに感じるカメとカエル。なぜこの2匹がキスをしているのでしょうか？　意を決してP.69にご登場いただいているKAISER'Sの主任さんに伺ってみたところ、「カメとカエルというのは、環境に優しいイメージを代表して持っている生き物です。なぜなら、彼らは美しい場所にしかすみ着かないからです。KAISER'Sは、彼らが生きていける環境を願う存在なのです」と淀みないお答えをいただきました。なるほど、そんな2匹が仲良くしている姿は、どちらか1匹よりイメージが増強しますよね。日本で言えばホタルと鈴虫がチューするような図であった訳です。

「Schützt unsere Umwelt!」＝「私達の環境を守ろう!」

Reichelt（ライヒェルト）

Blissestr.支店（Berliner Str.24 10715 Berlin）

地下鉄Blissestr.駅下車、閑静な住宅地の目抜き通りにあります。人が多くなるのは主に夕刻のみ、それ以外の時間はゆったりと買い物ができます。他にもここの通りには『eo,』、『drospa』、『SCHLECKER』など、短い距離に有名所のチェーンが揃っています。スーパーマーケットマニア至福の通り。

眠気覚ましチョコレート

SCHO-KA-KOLA

ちょっとレトロな雰囲気の缶、飴か何かだろうと思って手にとって見たらチョコレートでした。カカオ含有率58%と高いため、眠気覚ましとしてドライブインでは必ず売っているそうです。苦いだけかと思いきやこれがかなり奥深い、クセになる味なのです。stollwerck社は、1839年創業の老舗。

（stollwerck社, 1.49ユーロ） www.schokakola.de

ハーブティー

Kamillentee／Früchtetee

まん中から濃淡がきれいに分かれるツートンカラーが、『Reichelt』オリジナル商品の共通したデザイン。色鉛筆を使ったていねいで柔らかいタッチの絵が好印象です。後味のすっきりした飲みやすいお茶で、この値段ならお買い得。

（Reicheltオリジナル, 各0.60ユーロ）

五月葉キャンディ

Maiblätter

1920年代に産声を上げた、ドイツ人ならだれでも知ってる葉っぱの形がかわいいキャンディ。この緑色は『Maiblätter（マイブレッター）』という葉から抽出されたもので、ベルリン名物の緑のビール、『ベルリーナヴァイス』のシロップにも使われています。杏仁のようなほろ苦い甘さと、レモンのようなシャープな酸味の、今まで経験した事のない美味しさです。

（Reicheltオリジナル, 1.09ユーロ）

イエガーマイスターのミニボトル

Jägermeister

スーパーのレジ付近に必ず置いてある、大きいツノの鹿マークが威厳あるボトルです。これはジャガイモから抽出された成分と、何十種類ものハーブが入っているリキュールで、胃の調子が悪い時にキャップ一杯キュッとやるとスッキリするそうです。ビンは深い緑色、中味は年季の入った梅酒に似たえんじ色。味は甘く、ハーブっぽさがほんのり香ります。

（アルコール35度, Jägermeister社, 1.99ユーロ）トレードマークのシカが喋るホームページは www.jaegermeister.de

SCHLECKER（シュレッカー）

Nollendorfpl.支店（Kleiststr. 43 Schoeneberg 10787 Berlin）

私が訪れたのは地下鉄Nollendorfpl.駅最寄り、人とすれ違うのもやっと、という比較的小さなお店ですが、この『SCHLECKER』はベルリンでは一番目撃率が高いスーパーなので、歩いていてもきっと自然に見つかります。またPotsdamer Platzなど、大きい駅の駅ビルにもかなりの確率で入っています。

16:00

カエル模様のガーデニング手袋

GARTEN-HANDSCHUHE

清き環境の象徴としてドイツ人が大好きなカエルくん。いろいろなポーズが素敵な園芸用の手袋です。手のひら側にゴムの滑り止めがポチポチついていて、鉢を持ち上げるのもラクラク。悲しいかな今回は子供用サイズしか見つからず。

（P＋M Logistik und Handels社, 0.79ユーロ）

21:30

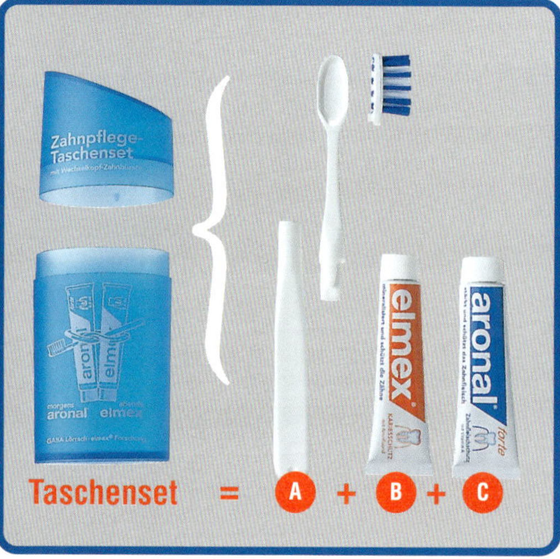

朝夜用歯みがきセット

Zahnpflege-Taschenset

ナナメにカットされた、半透明のパッケージがきれいな歯みがきセット。ドイツではポピュラーな、朝用夜用2本の歯みがき粉が入っています。朝用のaronalは、ちょっと甘い香り。ビタミンA入りで歯茎をケアし、夜用のelmexは歯を守ります。

（GABA社, 3.99ユーロ）

23:00

ニベアとフロレーナ

NIVEA／Florena

よく似た姉妹のようなクリームは、それぞれ東西ドイツで作られていました。西の『NIVEA』に対して作られた東の『Florena』。今では同じお店に並んでいます。NIVEAはさらっとして軽い香り。Florenaはちょっと濃い感じ。フタにはお揃いで「防腐剤不使用」の文字が。（NIVEA＝Beiersdorf AG社, Made in Germany, 1.29ユーロ, Florena＝Florena Cosmetic社,Made in Germany, 0.89ユーロ ）

24:30

ベルリンのコーディネーターさんご愛用の湯たんぽ。カバーのチェックが素敵!

湯たんぽ

Wärmflasche

日本で湯たんぽと言えば金属製ですが、ドイツのスタンダードはゴム製で氷枕のような形です。いろいろな柄の別売りカバーとセットにして、自分だけの湯たんぽを楽しみます。これはグレーの市松模様が大人っぽい、どこに出しておいても恥ずかしくないカッコいい湯たんぽ。（fashy社, Made in Germany, 3.49ユーロ）

drospa（ドロスパ）

Potsdamer Platz支店（Potsdamer Platz 10785 Berlin）

『KAISER'S』と同じ、地下鉄Potsdamer Platz駅地下直結の、大きなショッピングセンターに入っています。医薬品から花の種、雑誌や雑貨や衣料品まであまりに雑多な品揃えで、際立った特徴があまりないことが特徴と言えます。店頭の安売りワゴンにはいつも何人か、足を止めて見ている人がいます。

リップグロス
Lip gloss

クチビルの絵がポコっととび出た小さい缶。ポケットの中にあると、触った時になんだか楽しいのです。驚くほどたくさんの色と香りが揃っています。

（INTERCO社, 1.99ユーロ）
www.interco.de

アイメイクアップクレンジング
AUGEN MAKE UP REINIGUNG

文字情報のみで極端にシンプルな、薬みたいに色気のないパッケージがたまりません。ビタミンE入りの真面目なクレンジングシートです。

（WIMEX PHARMA UND COSMETIC社, 2.29ユーロ）

香り付き靴下
Duftsocke

人に見せたいほど可愛いバナナとイチゴの柄なのに、残念ながら足の裏にあるから誰にも見えません。なんとこの柄には香りが付いており、手で揉むとさらに激しく漂います。昔集めていた消しゴムのような、小学生時代を思い出す甘い匂いです。

（Sara Lee Personal Products社, 2足で3.99ユーロ）

ちょうちん
Lampion

ロウソク立てが中に付いている、大きなちょうちんです。パーティの話題をさらう、迫力の満月顔！ 同じシリーズで太陽顔と三日月顔があります。満月の怖さを中和するために、あっさりしたアヒルをいっしょにどうぞ。

（C.RIETHMÜLLER社, Made in Germany, 満月顔の直径40cm＝1.99ユーロ／アヒルを伸ばした長さ25cm＝1.59ユーロ）

スーパーミニカー

ブルドーザーやショベルカー、トラックなど街で働く車のミニカーにときめいてしまうのは、子供もスーパーマーケットマニアも同じこと。身近な車であるほど、ミニチュアになった姿に親しみを感じるものです。スーパーではよく、レジ付近に他愛のないおもちゃを置いてありますが、その中にはミニカーをよく見かけます。決して高級車などではなく、そのほとんどがここで紹介しているような、働く車なのでした。これらはスーパーで買った、とっておきのミニカーたちです。

Reichelt Germany
オリジナル記念トラック
ドイツの『Reichelt』は2003年で創業100周年だったため、このビジュアルで統一したキャンペーンを繰り広げました。中央から色が分かれているのは、そのまんま『Reichelt』のオリジナル商品。車のメーカーは、もちろんベンツです。
（Reicheltオリジナル, 1.99ユーロ）

TESCO U.K.
TESCOトラック
木製の素朴なミニカー。ドアが開くなどという華麗な仕掛けはありませんが、手に取ると何とも言えぬ暖かさが伝わります。これは2000年に購入したもので、残念なことに現在は姿を消しています。

KAISER'S Germany
ゴミ収集カー
黄色い円筒形はビン、オレンジはゴミ全般、赤い円筒形は色付きビン、薄いオレンジは紙類用。フタを開けると小さなゴミが入ります！　このダストボックスのAWU社は、市が委託している民間業者で、バスケのチームを持っていることで有名。
（MAJORETTE社, Made in Tailand, 2.79ユーロ）

eo,（エーオーコンマ）

Blissestr.支店（Berliner Str.132 10715 Berlin）

『Reichelt』と同じ大通りにあり、同じく最寄りは地下鉄Blissestr.駅。エントランスのビビッドなオレンジ色に、買い物気分が高揚します。チェーンの第一号店で、デリ&カフェはここだけ。お店に並んでいるものが厳選されているように、カフェのメニューもヘルシーなものばかりです。ここで使われているトローリーの美しさはP.60をご覧ください。

開くのが楽しい十字形のパンフレット。
お店のサービスカードについての説明です。

「完全にオーガニックなものばかりを揃えたスーパーは、ドイツ国内ではここが初めてです。ディスプレイや広告など、デザインは全て外部のデザイン会社に発注し、トータルなイメージを作り上げてもらっています。ブルーとオレンジがここのコーポレートカラーです。他店と違うサービスについては、デリバリーサービスと、料理教室があります。また、特に新鮮なものは、近郊の農家からスタッフが直接買い付けるようにしています。この店舗で良く売れているのは、野菜、果物、乳製品、肉、チーズの順番です。これからお店はもっともっと増えて行くと思いますよ!」

Blissestr.支店　主任:Elke Briegerさん

ハーブティー

Vitalitea　ENERGY／PURE BALANCE／REFRESHING

どんな効能があるかが、目立つようにデザインされているハーブティーです。とってもおしゃれだけど、気分は漢方薬。それぞれ、美容と健康に効くバランスの取れたハーブ、リフレッシュしたい時のハーブ、元気がでるハーブ、です。味は軽くてあっさりしているので、気が付くと何杯もお代わりしています。

（Ulrich Walter社, 各2.49ユーロ）

チョコレート　ヘーゼルナッツ、プラリネ

Haselnuss／Kokos-Praliné

パッケージの内側に金色のインクでこの商品の説明が綴られており、手紙を開いたような気分になります。そしてさすがドイツ、チョコレートの味はレベルが高いです。ねっとりと濃く、深い甘さ。パッケージからはとてもそんな味わいのあるチョコレートには見えませんでした。

（NATURATA社, 各1.88ユーロ）

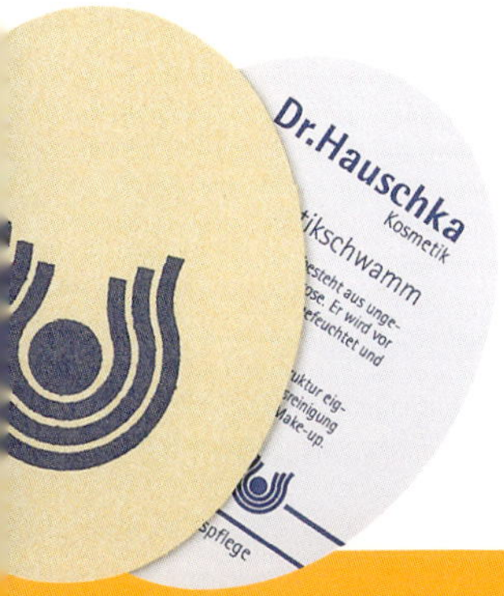

化粧スポンジ
Kosmetikschwamm

マドンナの贔屓で広く知られる自然素材化粧品『Dr.Hauschka』。ビスコースという天然の植物繊維を圧縮して作られた、紙のように見えるスポンジですが、水を含ませると厚みが6〜7倍に膨らみます。ビスコースは、セーターやマフラーにも使われる手触りの良い素材。当然肌にも良いわけです。
（Dr.Hauschka社, Made in Germany, 2.00ユーロ）

ミニ熊手

指の先にのるほどの、小さくて可愛らしい熊手です。これでブラシに絡み付いた髪の毛を取り除きます。使い慣れると手放せなくなりそう。
（ブランド不明, 2.25ユーロ）

カレンデュラ（きんせんか）のソープ
Calendula-Pflanzenseife

『WELEDA』は自然素材に徹底的にこだわってきたメーカーです。素材だけでなく、これは気分をリフレッシュできるすばらしい香り！ 箱に付いている『ÖKO TEST（エコテスト）』印は、製品を厳しく審査する民間団体による御墨付きの証拠です。
（WELEDA社, Made in Germany, 2.95ユーロ）

リップクリーム
Lippenkosmetikum

厚ぼったくてちょっと重い、乳白色のきれいなガラスビンに入ったリップクリームです。さらっと伸びるのに保湿性が高く、ぐっと抑えたバラの香りも長持ちします。値段だけのことはある逸品です。
（Dr.Hauschka社, Made in Germany, 5.90ユーロ）

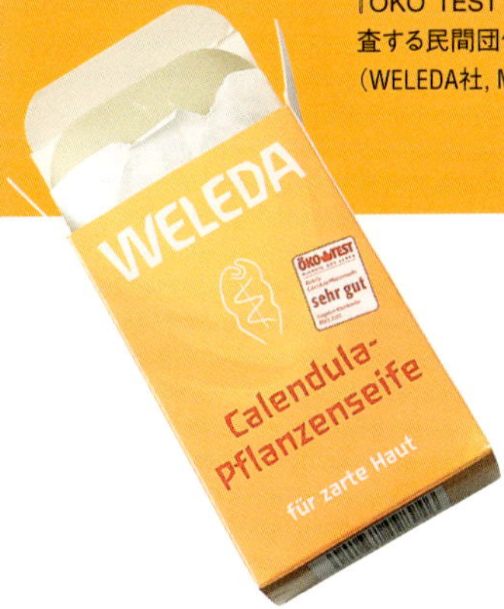

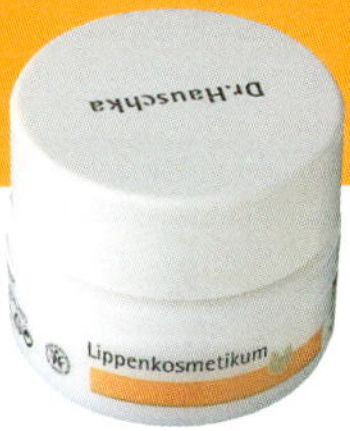

皮革保護剤
LEDER IMPRÄGNIERUNG

バクに惹かれて買ってみた、植物成分が主剤の革（ベロア、ヌバック、スエード用）メンテナンス剤。普通の革にも使ってみましたが、汚れが良く落ちしっとりした仕上がりになります。ホームページを見ると、このバクは腰巻きと靴を身に着けていたことが判りました。
（TAPIR Wachswaren社, Made in Germany, 7.89ユーロ）
www.tapir.de

EDEKA（エデカ）

Friedrichstr.支店（Friedrichstr. 142）

地下鉄Friedrichstr.駅の駅ビルにあります。ここはかなり庶民的な感じで、キッチュな雑貨や駄菓子であふれています。多分ドイツ人からは勧められないと思いますが、ジャンクなものにどうしようもなく心が躍ってしまう人は、一見の価値ありです。

数字繋ぎ遊び風船

Balloons

各風船に書いてある「Ich bin ein」は直訳すると「わたしはひとつ」。バラバラの点を繋げると「私」が現れるのです。何が現れるかなんとなくバレていても、やってみるとけっこう楽しい。ペンも付いています。

（THE BALLOON COMPANY, 風船5コ&ペン 2.99ユーロ）

軽石（かかとの角質取り）女性用

Hornhautfeind aus Sachsen・weiß

フタと本体が隙間なくピッタリ収まる箱に、丁寧に入れられて売っています。ザクセンという地域の軽石です。

（ULFIRY Kosmetik社, 0.99ユーロ）

栓抜き

Kapselheber

メーカーの『wenco』は、スーパー専門の卸業者。ドイツ国内で2万軒ものスーパーに雑貨を卸しています。とにかく安いので質はそれなり。何でもいいからとりあえず……なんて時のものでしょう。ドイツではあまり出会わない、アジア的な匂いを感じて買ってしまいました。

（wenco社, Made in Germany, 0.99ユーロ）

www.wenco.de

調味料入れ
SALZ＋PFEFFER
EDEKAだからと侮るなかれ、丁寧に見ていくと時にはキラっと光る魅力的なものが見つかります。これはキッチュなものから真面目なものまで、大衆的な調味料入れを多数作ってきているSTOHA Designの14年（またはそれ以上）変わらないプロダクトです。未だに『Made in W-Germany』の刻印があることで歴史が判ります。持ちやすく滑りにくいボディ、片手で開けやすいフタなど小技も各所に利いていて、最近のアレッシーっぽいSTOHAよりも、この頃の方が親しみが湧きます。
（STOHA Design, Made in Germany, 各1.00ユーロ）www.stoha.de

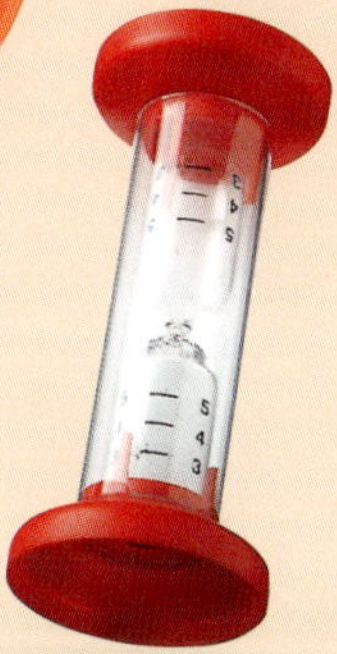

エッグタイマー（砂時計）
Eieruhr
一応エッグタイマーだそうで、「3分で半熟、5分で固茹で」と書いてあります。しかし目盛り3まで砂が落ちるのに約2分、砂が全部落ちるまで約4分。さあ3分と5分を計るのはどうする?! ここまで使えないとかえって愛おしくなってしまう。
（wenco社, Made in Germany, 3.59ユーロ……わっ、高い!）

エッグスタンド
EIERBECHER
真上から見ると卵形に見えるエッグスタンド。重ねてブロックみたいに遊べそうな、ポップな色が揃っています。
（TOPHIT社, 各1.00ユーロ）

卵スプーン
Eierlöffel
ドイツの人はよく卵を食べるのですね。スーパーでは「卵用品」をとても多く見かけます。この卵用スプーンは、柄が比較的長く、頭は小さくてちょっと深め。卵だけじゃなく、調味料なんかをすくうのにも使いやすそうです。
（wenco社, 6本入り1.29ユーロ）

「ペットの保険、始めました。」スーパーのサービス

スーパーマーケットとして、ものを売る以外に、どんなサービスができるのでしょうか。気の利いたサービスは、そのスーパーのイメージをアップさせ、より多くの「ファン」を獲得します。
競合他社との差別化を常に意識するのが、スーパー業界の掟です。それぞれのスーパーがどんなサービスを提供しているのか、お店に置いてあるリーフレットやポスターから、ちょっと見てみましょう。

『ペット保険』
猫1ヵ月£4〜、犬£7〜で手厚い保障を。
ペットの年齢が高くなるほど、また都心に住所があるほど保険料も高くなります。重い病気やケガに対して最高£6500までが支払われる、電話で申し込んだその日から有効の保険です。
(Sainsbury's U.K.)

『料理学校の奨学生募集』
求む、イギリスの食文化を担う人。
『ACADEMY OF CULINARY ARTS』で学ぶ人に、『Waitrose』が奨学金を提供するプログラムです。年齢や学歴など、いくつかの応募資格をクリアすれば誰でもエントリーすることができます。
(Waitrose U.K.)

『宅配カタログ』
いつものスーパーの、いつもの味の詰め合わせ。
宅配はもはや珍しくありませんが、スーパーの商品をお花や果物みたいにアレンジした、カゴ入りのプレゼントセットです。「手軽に美味しいものセット」から「グルメセット」まで、値段は36.00〜71.00ユーロ。これぞスーパーマーケットマニア向け。
(KAISER'S Germany)

『デンタルケアサロン』
歯に関することなら、よろず相談受け付けます。
ロンドンの中心地にあるPiccadilly Circus店のみのサービス。いわゆるクリニックではありませんが、常駐の「デンタルチーム」が的確なアドバイスをしてくれます。土日の遅い時間もOK、診療費はカードのポイントにもなります。
(Boots U.K.)

『もっと便利にもっとサービス! キャンペーン』

私達におまかせください。

モノのサービスではなく、行為のサービスです。これはハガキサイズですが、同じビジュアルのポスターが店内の至る所に貼ってありました。「返金返品」「新鮮さ」「修理」などにおいて、このような方々が一生懸命に遂行してくれるとのことです。

(MONOPRIX France)

『旅行保険』

スーパーで保険に入ってから出発しよう。

これは1人用の2週間保険ですが、ファミリー向け1週間保険やヨーロッパ内限定保険などさまざまなタイプがあり、保険証書が袋に入った状態でずらりと並んで売っています。好きなものを取り保険料を払ったその時から、袋の中の契約番号が有効となります。英居民のみ利用可。

(TESCO U.K.)

Miljöaspekter på förpackningar och emballage

『紙のリサイクルについて』

環境に良い考えを、一部どうぞ。

これはスーパーによる啓蒙活動の一つなのですが、絵本のように美しいパンフレットがフリーなのは、サービスと言ってもよいでしょう。紙パック製品がどのようにリサイクルされるのかが、スタイリッシュな写真と共に解説されています。他に『安全な家畜について』などあり。

(ICA Sweden)

ユーロ以前のベルギー、オランダ

ときは2000年春。この本に繋げるため、訪れた外国では必ずスーパーを点検し、下取材を始めました。その中にはベルギー（ブリュッセル）とオランダ（アムステルダム）のものもあります。少し古くなりましたが、ぜひご覧にいれたいのでコンパクトに紹介いたします。他の都市とはまた違った味わいをどうぞ。

Belgium

ブリュッセルのスーパーマーケットで代表的なのは、当時も今も『GB』です。最近はフランスから進出した『Carrefour』と提携し、両店で同じサービスが受けられるカードを発行しています。オリジナル商品は、暖色をふんだんに使った手描き風のイラストで、古き良きヨーロッパを感じさせるデザインです。 www.gb.be

ベルギーのイーペルという街で3年に一度行われる猫祭り。
老いも若きもネコに扮装して沿道をパレードします。

A

B

C

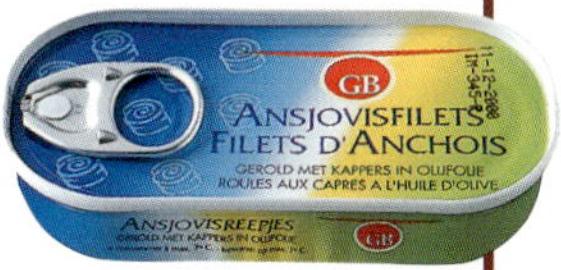

D

A裁縫シリーズ／メジャー、待ち針、裁縫スケール

使いたくなる裁縫グッズ。キーホルダーになっている小さなメジャーは、インチとセンチが裏表に。すべてGBオリジナル、Made in Germany。

Bベーキングパウダー

パンやワッフルを焼く時に使うベーキングパウダー。ベルギー名物はご存知『ワッフル』なので、一番手前に描いてあります。優しい色使いにうっとり。GBオリジナル。

Cアンチョビの缶詰

とても魚が入っているとは思えない、カラフルな缶詰です。GBオリジナル。

D台所用ふきん

素朴なタオル地のふきん。ベルギーのスーパー雑貨には、いつかどこかで見たような懐かしい雰囲気のものが多いのです。GBオリジナル。

猫祭りのクライマックスには、城楼からネコのぬいぐるみがばらまかれます。見事ゲットした人は3年間幸せが保証されるとか。

B

C

D

Ⓐ缶入り調味料（右頁）

絵の具のパッケージのようにビビッドなデザイン。集めて撮影すると圧巻です！ 香りも強く、商品として非常に華やか。現在も変わらず店頭に並んでいます。値段は0.99～1.19ユーロ、『AH』オリジナル。

Ⓑ缶入り調味料 その2

nootmuskaat（シナモンとミントを混ぜたような香り）と白コショウ。こちらは『AH』のオリジナルではないのですが、ほぼ同じ大きさの缶に入っています。

Ⓒウェットティッシュ

シンプルなパッケージには飽きることがありません。石鹸の香りがとっても爽やか。4年経っても未だに中がしっとりしているのには驚きました。

Ⓓ米

甘くて、軽くて、ふわっとしていそうな……生米にそんな味をイメージしてしまうフェミニンなパッケージです。

Ⓔクリップ（右頁）

大きな袋の口もしっかり留められる、巾広のクリップです。ブルーの四角模様がちょっとカタくてオランダ風。『AH』オリジナル。

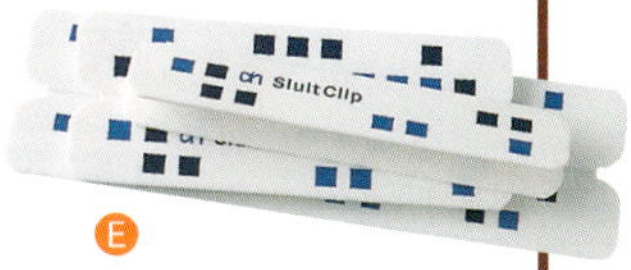

オランダ1位のスーパーマーケットであり続ける『Albert Heijn（アルバート・ハイン、略してAH）』。創業者のハイン氏も御健在です。清く整然とした店内は、ドイツの大型スーパーと同じ空気を感じます。オリジナル商品のデザインは、ハッキリとした色使いが特徴です。ライバルはドイツから進出した激安スーパーの『ALDI』。値引き競争が激化しているようです。 www.ah.nl

Netherlands

Stockholm SWEDEN

COOP KONSUM / ICA / VIVO / HEMKÖP / Apoteket

スーパーマーケットマニアは、ストックホルムで「普通」と出会う

デザイン大国とかデザイン王国とかの冠を頂き、とにかくそっち方面の話題では、ひっきりなしにメディアに登場する昨今のスウェーデン。確かに、ストックホルムのアーランダ国際空港ではすばらしいフローリングの上を歩かされ、着いたとたんにハイレベルな公共建築の洗礼を受けましたし、ホテルでは、帰りたくなくなるくらい心地よいインテリアが迎えてくれました。そんな国のスーパーマーケットです、さぞ宝石箱のように違いないと思っていたのですが……、取材してみると、初めは印象に残らないものがほとんどでした。2〜3日も丁寧に見て回れば、感度の良いデザインが目に付き始めホッとしたのですが、聞けば、スウェーデンの人がこだわるのは家やインテリアなど「基本的に長持ちするもの」であり、消耗品や食品に対してはほとんど神経を使わないそうなのです。引っ越しをしては、いそいそと家具を披露するホームパーティを開いたりするくせに、有名な建築事務所のデザイナーが、銀行のオマケのボールペンで仕事をしているとか。

スウェーデンのスーパーでは、ジャガイモもティッシュも洗剤も、値段が必ず上下2段で表示されています。これは、「商品そのものの値段」と「キロあたりの値段」です。スーパーでものを買う時の大きな基準が、ここにあります。

素敵すぎて近寄り難いイメージがある、スウェーデンのデザイン。ここで「普通」が見たくなったらスーパーに行くと良いのです。

独断と偏見のスーパー分布図その4:ストックホルム

Stockholm

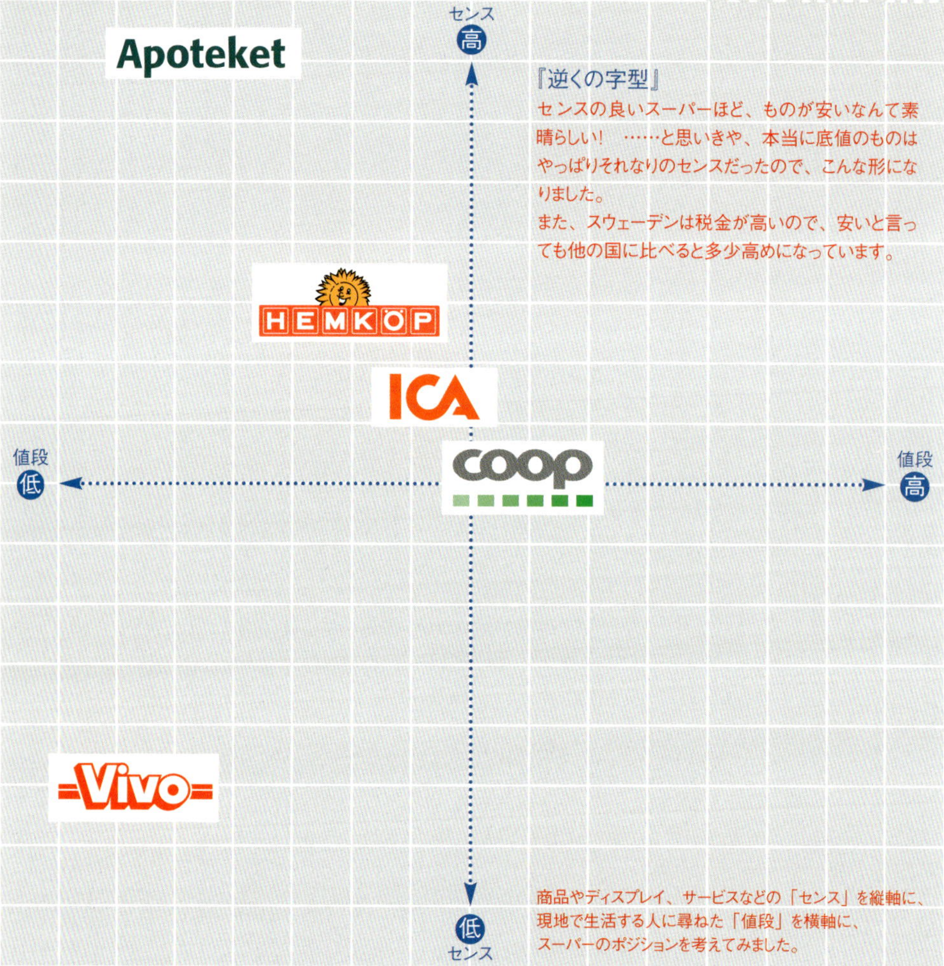

『逆くの字型』

センスの良いスーパーほど、ものが安いなんて素晴らしい! ……と思いきや、本当に底値のものはやっぱりそれなりのセンスだったので、こんな形になりました。

また、スウェーデンは税金が高いので、安いと言っても他の国に比べると多少高めになっています。

商品やディスプレイ、サービスなどの「センス」を縦軸に、
現地で生活する人に尋ねた「値段」を横軸に、
スーパーのポジションを考えてみました。

COOP KONSUM（コープコンスーム）……スウェーデン最大のスーパーマーケットチェーンです。いわゆる「COOP＝生活協同組合」が母体で、150年以上の長い歴史があります。中小規模の店舗をどんどん統合して、より規模の大きなスーパーを作り上げ、どの店舗でも変わらない品揃えとサービスの提供を目指しています。www.konsum.se

ICA（イーカ）……創業1917年。『COOP KONSUM』と競合する大手ですが、スタイルは対照的です。全ての支店は独立しており、ICA本社はディレクションする立場です。その店なりの判断で、本社からでも、独自のルートからの仕入れでもOK。これにより地域性のある独特の品揃えになります。ちなみに『ICA』とは『中央買い入れ会社』の略。www.ica.se

VIVO（ビーボ）……より安く、より多く、のディスカウントストア系スーパーマーケットです。ちょっとジャンクなスイーツもたくさんあります。ストックホルムのどこにこんなに人がいたのかなと思うほど、平日の夕方には買い物客で賑わいます。www.sth.vivo.se

HEMKÖP（ヘムショップ）……『COOP』、『ICA』に続く国内第 3 位のスーパーチェーンです。全商品における食品の比率が、他のスーパーよりも高いのが特徴です。豚や牛はストレスを与えない環境で飼育をしているとか、雌鳥は必ず放し飼いにして卵を産ませるとか、食の質を向上させることに熱心です。www.hemkop.se

Apoteket（アポテーク）……街でよく見かける、国営のドラッグストアです。スウェーデンでは、基本的に薬はここでしか買えません。商品やパンフレットのデザインは、ため息が出るほど素敵。国営企業であるほどデザインにこだわりを見せるのは、日本と逆です。入り口にカゴがありさまざまな医薬雑貨があるので、独断によりスーパーの仲間にしました。www.apoteket.se

スウェーデンの通貨、スウェーデンクローネの表記は、現地スーパーなどで使われている『kr』としました。

COOP KONSUM（コープコンスーム）

Sveävagen店（Sveavägen70, 111 34 Stockholm）

地下鉄Rådmansgatan駅下車、SveävagenとTegnérgatanの交差点にある、中規模店舗です。外装は緑色の『COOP模様』で飾られているので、遠くからでもすぐに判ります。

新しくて比較的広いところならLILJEHOLMEN店（Liljeholmstorget 82S-117 61 Stockholm～地下鉄LILJEHOLMEN駅下車すぐ）がおすすめです。ここも緑色のウインドウが目印。店員さんたちは皆『COOP模様』のスカーフやネクタイを身に着けています。

上中：モノトーンで統一された、スタイリッシュな「ボトルのリサイクルコーナー」。右：レジ横の商品台には、なんと木の枠が使われています。
左下：ウインドウも飾れば制服にもなる、これが楽しい『COOP模様』。

アールグレイティー
Earl Grey
ティーバッグは真四角で大きめ。箱を開けると強い香りが漂います。
（COOPオリジナル, 18.80kr）

COOP KONSUMのオリジナル商品『BLÅVITT（ブローヴィット）』
白地に大きく入った赤の筆記体がとっても愛らしい『BLÅVITT』シリーズは、オリジナルの中でも特に安いバリューラインです。どの棚でもよく目立っていたのですが、残念ながら段階的に別デザインへリニューアルして行くそうです。このパッケージが気に入った人は、スウェーデンに急いでください！

クッキー
Mandel-biskvier
そばぼうろに似た素朴なクッキー。ほんのりハーブの香りがします。
（COOPオリジナル, 12.90kr）

ブイヨン
Köttbuljong
１包がとっても大きなブイヨンが入っています。寒い時期が長いので、スープはよく作られます。
（COOPオリジナル, 15.20kr）

バニラシュガー
Vanillin Socker
お菓子作り用のさらさらシュガー。紙筒製のパッケージがナイス。
（COOPオリジナル, 11.90kr）

ライトなマヨネーズ
Lätt Majonnäs
存在感があるブリキのチューブ。リサイクル性が高いためペースト状のものはほぼこんなスタイルです。
（COOPオリジナル, 18.90kr）

①オートミール **Havre Kross**（SALTÅ KVARN社, 18.90kr）『粉引き機』がモチーフの手描き風イラスト、有機農法でおなじみのメーカーです。工場がある地域はシュタイナー教育*が盛んな場所として有名。②③ベビー用ミルク **Baby Semp 2／Mild Vålling**（Semper社, 6.50kr）「お、いい写真!」と思ったらほとんどが、このメーカー。赤ちゃんのものでも大人の環境にマッチするデザイン。買うのは大人ですから当然です。④お気に入りゼラチン**FAVORIT GELATIN**（Haugen-Gruppen社, 15.50kr）大切に戸棚にしまって、少しずつ大事に使いたくなる感じの箱です。⑤⑥シーフードのスープ、料理用クリーム **FISK-OCH SKALDJURSSOPPA LAGALÄTT**（Arla社, スープ＝24.50kr／クリーム＝10.50kr）布に印刷したかのようにかすれた感じ。落ち着いた寒色が素敵なパッケージです。⑦のどスッキリ飲み薬 **samarin**（CEDERROTH社, 10.50kr）薬らしくないシンプルなパッケージです。水に溶かして飲む伝統的な薬で、ナチュラルだから妊婦さんでも大丈夫。

＊人智学を基本とした個性的な教育方法。自分から全てが始まり外へ繋がっていく、という哲学に基づく。

ハンドソープ

bliw

掌のくぼみにすっぽりハマる、つぶれた電球みたいな形がユニークなハンドソープ。何十年も変わらない、パッケージデザインの名作です。フタを軽く回し、柔らかいボディをキュッと押すと、クリーム状のハンドソープが出て来ます。この色はラベンダーの香り。他にローズやグリーンなど数種類あります。
(CEDERROTH社, 17.90kr)

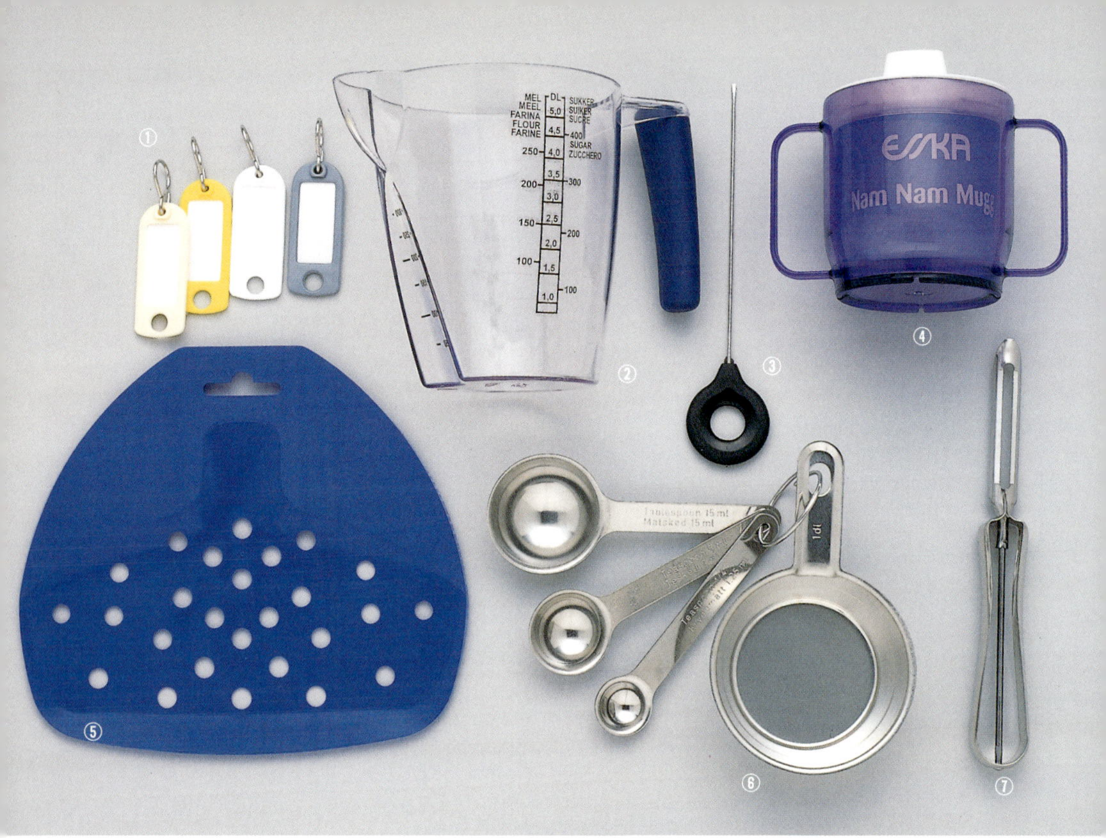

①ネームタグ **Nyckelbrickor**（habo社, 4コ入り33.50kr）いい具合に主張しない4色です。②計量カップ **MATTKANNA 0.5L KLAR**（COOPオリジナル, 14.00kr）上から覗いて目盛りを読みます。持ち手が太く使いやすい。10年保証付き。③テストピン **TESTING SKEWER**（SVEICO社,Sweden製, 15.00kr）イモに刺して茹で具合を確かめます。イモ道具が豊富なのはジャガイモ消費大国ならでは。④子供用カップ **Nam Nam Mugg**（Robert Schmitz社, 27.90kr）青紫がとてもきれい。付属の冊子には可愛いお話が。「アナグマとクマは、友達にハワイの風景を描いてもらいました。絵の前で歌い踊る２人に、みんな大喜び!」⑤シンクのゴミ集め **Renzi**（KRON社, Sweden製, 14.00kr）スウェーデンの台所で長年愛され続けているもの。水切り穴の位置が絶妙です。一度使うと手放せなくなるとか。セレクトショップにもあり。⑥計量スプーン＆カップ **MÅTTSATS**（Lindén International社,Sweden製, 29.90kr）適度な重さが使いやすい。スプーン1/4、1杯、テーブルスプーン1杯、1dlの4種。驚愕の25年保証。⑦イモむき器 **POTATISSKALARE**（Lindén International社, Sweden製, 29.90kr）スマートで持ちやすい!

ジャガイモは好きなだけ買えるように、どこのスーパーでも山のように置いてあります。

ICA（イーカ）

Fridhemsplan店（S:t Eriksplan 19, 113 39 Stockholm）

地下鉄Fridhemsplanを下車、T-CENTRALEN駅方面とは反対の改札から出るとある、地下直結のショッピングモールの中にあります。入ってすぐに大きなオープンキッチンがあり、テイクアウトすることも、その場で食べることもできます。個性的なインポートものの食品や雑貨があちこちに見られ、こだわりのコンセプトショップ的な一面もある、見応えある店舗です。

こだわりの店のこだわりの店長さん、Steffan Johansson氏(左)。商品のセレクトから、店内表示、オープンキッチンのデザインまでなんでもおまかせ。店長さんが手塩にかけたこの店舗は、『ICA』の中でモデルケースになっているそうです。

スーパーの中に郵便局の出張所があるのです。

いろいろなデザインの木製カトラリーが一つの棚にディスプレイされています。

オープンキッチンで買い物するための番号札です。銀行の番号札と同じく、順番が来るとキッチン上の電光掲示板に番号が出ます。今ストックホルムでは、レバノン料理が流行中。

木のバターナイフ
Smörkniv intarsia

印刷のように見える年輪は本物。寄せ木細工のように作られており、一つ一つの模様や色合いが全く違います。そして持ってみると驚くほど軽く、手触りも滑らかです。店長さんが独自のリサーチで「これはイケる!」と思い入荷を即決したそうです。実際イケてるそうです。
(SALESCORE SWEDEN社, Made in Sweden, 39.90kr)

岩塩
FALKSALT

ペンで描いたシンプルなイラストが、一目見て気に入りました。色違いでヨード入りもあり、詰め替えもできます。
(Hanson&Möhring社, Made in Sweden, 9.90kr)

食洗機用塩
DISKMASKINS SALT

これもまたイラストに一目惚れし、中味がなんだか解らないのに買ってしまいました。上の岩塩と同じ会社の製品で、食洗機用の塩とのこと。硬質の水を軟質に変え、汚れ落ちを良くするそうです。飾っておきたくなるパッケージ。
(Hanson&Möhring社, 9.90kr)

キャットフード「海の幸」、「サーディン」
Havets läcker-heter／Hela Sardiner
イギリスに続き、またまたかっこいいペットフードの登場です。まるで絵本の挿し絵のような、色数を抑えた切り絵風のデザイン。スウェーデンでは犬よりもネコを飼っている人の方が多いので、ドッグフードよりもキャットフードの種類の方がバリエーションに富んでいます。
（KATTUNA社, 各11.90kr）

牛乳、コーヒー用ミルク、ヨーグルト、ラテ用ミルク

Mjölk／KAFFEMJÖLK／Yoghurt／LÄTTMJÖLK

4つ共、すべてArla社の乳製品です。ピクトグラムのように簡潔なイラストを使ったり、独特な空気感のある老人の写真を使ったりと、冒険心のあるメーカーです。牛乳のパッケージに描かれているストライプは、本数が少なくなり太くなるほど乳脂肪分が多いというサインです。見た目がユニークなだけではなく、機能的に優れたデザインなのです。

（Mjölk＝4.10kr／KAFFEMJÖLK＝4.90kr／Yoghurt＝12.70kr／LÄTTMJÖLK＝8.50kr）

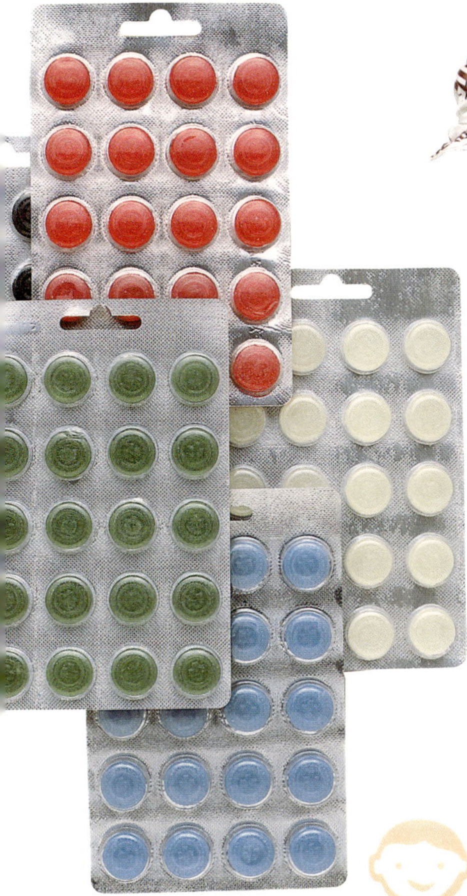

ドロップ、キャラメル

DROPS／ORIGINAL Hem-kola

そのむかし、スウェーデンの古く美しい街、アリングソースに住む3人組がお菓子の会社を立ち上げました。メーカーのトレードマークになっているKALAMELLPOJKARNA＝キャラメルボーイズは、実在する人たちだったのです。子供から大人まで広く愛されているキャラメルとドロップ。どちらも後味スッキリで美味しいです。

（KALAMELLPOJKARNA社，ドロップ各4.90kr／キャラメル16.50kr）

www.karamellpojkarna.se

『COOP』本社にて
場所は郊外のSolna。住んでもいいと思うくらい、広々快適なオフィスです。
丁寧にレクチャーしていただいたのは、店舗デザインを担当のStaffen Wiberg氏（左）、Maguno Frisk氏（右）です。
「1850年が、そもそも『COOP』の組合としての始まりです。その後支店の数が増え続け、1990年代に540店舗となりましたが、この後徐々に統合し現在335店舗です。これからさらに統合させ、数年後には『COOP EXTRA』として生まれ変わらせる予定です。最終的には『COOP FORUM』という巨大店舗にする計画ですが、そこまでには15年くらいかかるでしょう」

『ICA』本社にて
『COOP』と同じく、場所はSolna。大きな吹き抜けのある気持ちの良い社屋です。
ポーズをキメるスウェーデン紳士のJanne Pettersson氏。広報担当です。
「スーパーにとって一番大事なのは“地域性”だと思います。『ICA』はチェーンのようですが、厳密に言うとそうではなく、ここが各店をディレクションしているだけなのです。それぞれが独自の判断で、そこで売れそうなものを揃えています。数は現在、1764店舗あります。最近は外国の安売りスーパーが脅威ですが、それに負けない個性的な店作りが大切だと思います」

『COOP』VS.『ICA』
両極端な戦略

スウェーデンのスーパーマーケット史において、この２つは1900年代初頭から常にライバルでした。エコ商品やオリジナルに力を入れ、企業姿勢を啓蒙してファンを増やし、会社を大きく発展させる。目指すところは同じでも、実はその戦略は面白いほど両極端なのです。『COOP』は店舗を統合していき、どこも同じ品揃えとサービスが提供できる大型店を、『ICA』は店長の独断で仕入れができる、個性的で地域に密着した店舗を目指しています。どちらもロングスパンの計画ですが、さて、生き残るのはどっちでしょう？　それとも共生できるのでしょうか？　楽しみです。

VIVO（ビーボ）

Fridhemsplan店（S:t Eriksgatan 34-38, 112 34 Stockholm）

『ICA』と同じ駅ビル内にあります。改札を出たあたりから、『VIVO』の安売りを宣伝するポスターが、ペタペタと貼ってあるのが目に付きます。お店は決して狭くはないのですが、商品があまりにも多く余白の無い印象です。ヨーロッパのスーパーにしては珍しく店内BGMがありました。夕刻のレジはものすごい活気。圧倒されます。

国旗風船
FLAGGBALLONGER

紙皿や紙コップ、キャンドルなどの、パーティ用品と並んで売っていた風船。膨らませてみると、薄手のゴム地にビビッドな国旗がとてもよく映えています。
（HESAB SVENSKA社, 6コ入り21.90kr）

国旗のアップリケ

ディスカウント系のスーパーでは、ドカっと食品を買ってこそ得をするのですが、埋もれた雑貨を探すのも、けっこう楽しいものです。これは針や糸などの裁縫用品の片隅で見つけたアップリケ。小さいのですが、光沢のある質の良い糸を使っています。
（FALK社, 20.90kr）

ちなみにスウェーデン大使館に教えてもらった国旗の正式な色は……

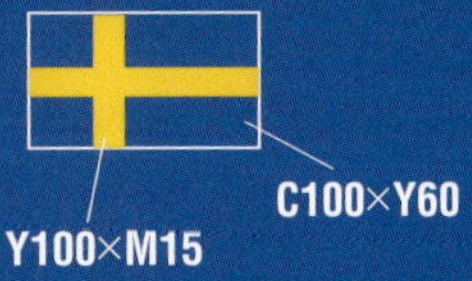

HEMKÖP（ヘムショップ）

ÅHLENS店（Master Samuelsgatan 57, 111 21 Stockholm）

ÅHLENSデパート地下の支店です。T-CENTRALEN駅から地上に出て、ÅHLENSを見付ければすぐにわかります。中心なのでどこからのアクセスも良く、また市内の『HEMKÖP』の中ではここが一番大きいのでおすすめです。店内照明はちょっと暗めの、静かなお店です。

HEMKÖPのオリジナル商品

白いベースとモノクロの写真が半分ずつ。そのちょうど真ん中にHEMKÖPのお陽様マーク。写真がどれも非常に自然で、その場の音や風が感じられます。かといって商品のイメージからも逸脱していない、情報のバランスが絶妙なパッケージです。

洗濯洗剤

Tvättmedel Sensitive Ultra TAED

誰に見られても恥ずかしくない洗剤。空になってもこの箱は、簡単に捨てられない気がします。

（HEMKÖPオリジナル, 29.90kr）

調理済みミートボール

Färdigstekta KÖTTBULLAR

シンプルですが食欲をそそられるパッケージ。スウェーデン名物と言えば、ブラウンソースをからめたミートボール。これにコケモモの甘酸っぱいジャムを付けて食べるのですが、これがまたウマいのです!

（HEMKÖPオリジナル, 21.90kr）

トマトケチャップ
Ketchup
スウェーデンの人はトマトケチャップがとても好きなようで、どこでも大きなボトルに入って売られています。味はあっさりめで、ガンガンいけます。
(HEMKÖPオリジナル, 10.90kr)

レモンジュース
Lättdryck
たくさんある果物のジュースの中から、メガネがキュートな女の子のこの箱を。味はちょっと甘めです。
(HEMKÖPオリジナル, 8.50kr)

チョコレート
Mjölkchoklad
ボリュームのあるチョコレート。砂糖がふんだんに使われていて、ちょっと大味です。
(HEMKÖPオリジナル, 12.90kr)

野菜の種「細ネギ」「ビーツ」

Kinesisk gräslök／Rödbeta

これらがずらりと並んだ棚は、ためいきが漏れるほど美しかったのです。額に入れて飾りたくなる、清涼感のある袋。残念ながら種は持ち帰れないので現地の人に預け、袋だけにして持って来ました。それでも大満足です。

(Weibull Trädgård社, 各16.50kr)

他の種袋はここで見られます。　www.hammenhogs.com

パン粉
STRÖBRÖD
日本で見るものよりも粒子が丸く細かいパン粉です。ミートボールのつなぎや、オーブン料理に振り掛けるなどして、よく使われるそうです。箱前面の“Vik ut”をちぎり取ると、粉を振り出しやすい三角の穴があきます。
（Axfood Sverige社, 8.90kr）

ブラウンソース
BRUN SÅS
箱が大きくなると、より大胆な余白ができるのです。これを見ると「東欧っぽい」のもちょっと解る気が。ミートボール用のソースです。
（Axfood Sverige社, 9.90kr）

潰しトマト
KROSSADE TOMATER
とにかく安い。味はスパイスがふんだんに効いていて、結構イケると思います。箱の横にパスタのレシピ付き。
（Axfood Sverige社, 9.90kr）

▲哀愁のELDORADO（エルドラド）シリーズ
上が黄色で下が渋色のパッケージがELDORADOシリーズの目印。華やかさとは無縁のデザインが目新しく、むしろ印象が良かったのですが、現地の人たちにとっては「昔の東欧っぽい、ちょっと貧しいイメージ」があるのだそうです。

バナナがゆ
Banangröt
これも写真にやられました！ 漫画から飛び出したみたいに個性的な表情の子供に、商品らしからぬ文字の位置、そして淡い若草色の枠。まるで映画のポスターのようなパッケージです。机の上に出しておいて、皆に見せたいベビーフード。
（EKOGO社, 44.90kr）
EKOGO製品のマスコット、スウェーデンのマルコメ君をもっと見たい場合はコチラ。www.ekogo.com

Apoteket（アポテーク）

Liljeholmen店（Liljeholmstorget 11 SE-11763 Stockholm）

『COOP KONSUM』と同じ広場を囲んでいます。『Apoteket』は街中にもたくさんありますので、見かけたらぜひ立ち寄ってみてください。パンフレットを集めるだけでもとっても楽しいですよ。

耳栓

Musik&Simpropp

ゴム製で柔らかい、カラフルな耳栓です。ヒモがついているので野外で使ってもなくす心配がありません。

（Bilsom社, Made in Sweden, 29.00kr）

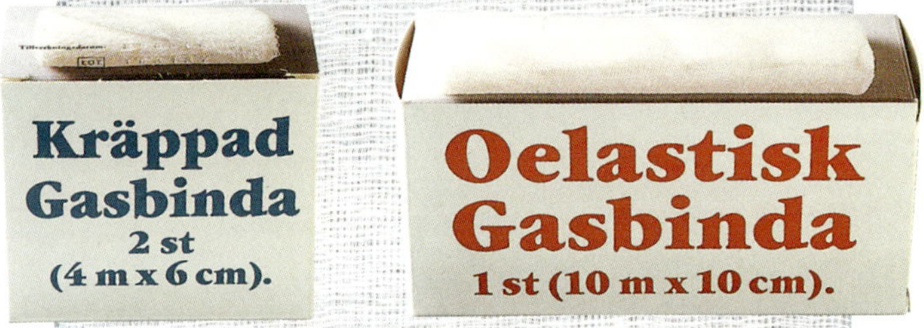

伸びる包帯、伸びない包帯

Kräppad Gasbinda／Oelastisk Gasbinda

フラワーチルドレンの世界を彷彿とさせる、60年代の自由な香りがするパッケージです。メーカーのAKLA社があるダンデリードは、大病院があることで有名です。

（AKLA社, 伸びる包帯［青］23.50kr／伸びない包帯［赤］21.50kr）

かかとの角質取り

FOTFIL

ヤスリ部分も持ち手部分も、全体に細長いところが気に入りました。これはカッコいいだけではなく、立ったままシャワーを浴びる時に、カカトに楽々届く形なのです。

（Apoteketオリジナル, Made in Sweden, 19.50kr）

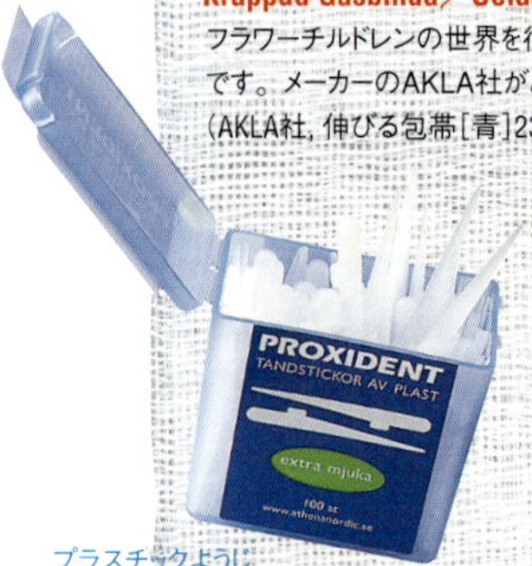

プラスチックようじ

PROXIDENT

コンパクトなケースに、クリアブルーがきれいです。歯間掃除用のデンタルピックという、とても柔らかいようじです。どこまで曲げても折れません。糸状のデンタルフロスよりも、こちらのタイプの方を多く見かけます。

（Athena Nordic社, 33.50kr）

リップクリーム

HUDSALVA

誰もが一目惚れしてしまう、Apoteketオリジナルのリップクリーム。シンボルカラーの深緑でコロっと太め、白いキャップを外し下から押し出して使います。微香性のワセリンなので、唇だけでなく乾燥している部分どこにでも。

（Apoteketオリジナル, 15.00kr）

お店でもらえるパンフレット

『Apoteket』の店内には、タダでもらうのが申し訳ないくらいに立派なパンフレットが、たくさん置いてあります。見ているだけで楽しくて、スウェーデン語が解らなくても十分堪能できます。ほとんどが身体の不調や、衰えについてのアドバイスなのですが、そのものズバリの表紙ではありません。例えば歯についての不調ならところどころ折れた櫛、肌の荒れには枯れ葉、関節の痛みには錆び付いた蝶番、フケの悩みには雪の舞うスノードームだったりします。誰でも手に取りやすいデザインに、優しい配慮を感じます。

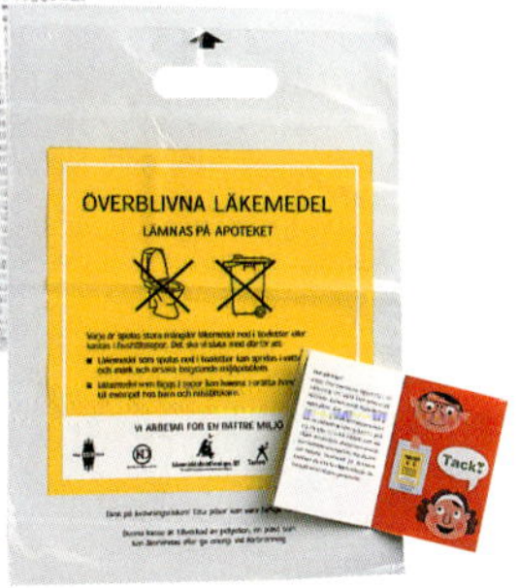

無駄に残った医薬品、また使用済みの医療品は何かと危険なものです。この黄色いビニール袋に入れ、お店まで持って来るようにと、可愛らしいパンフレットで呼び掛けています。

IKEA（イケア）は雑貨とインテリアのスーパーだ

1943年スウェーデンで創業、現在世界31ヵ国に約200の支店を持つ、雑貨とインテリアの大きなお店です。入り口に置いてある大きな買い物バッグを肩に掛け、またはトローリーを押して順路通りに店内を巡るスタイルは、スーパーマーケットそのもの。安くてセンスの良い雑貨がどっさりあるので、つい大荷物になってしまいます。さてここストックホルム本店は、世界のIKEAマニアにとって一度は巡礼したい夢の桃源郷。世界中どこの『IKEA』も共通した品揃えという建て前ですが、本店の規模とオーラはまた格別です。

製品は世界各地の工場に振り分けて生産され、大きなものは客が自分で組み立てるキット販売なので、値段がかなり抑えられています。2005年秋には千葉と横浜に待望の「直営店としては日本で初めての店舗」がオープン！　マニア増殖の予感です。

www.ikea.com

INGEN REKLAM, TACK!
NU KOMMER KATALOGEN FEM GÅNGER OM ÅRET. VAR BEREDD.
IKEA
NU KOMMER KATALOGEN FEM GÅNGER OM ÅRET. VAR BEREDD.

IKEA以外お断りステッカー

これがスウェーデン名物、自宅ポストに貼る『DMお断り! でもIKEAのカタログだけはOKよ』シール。無料で何万世帯にも配られるIKEAのカタログを、皆が楽しみにしているのです。入り口でカタログと一緒にもらえます。

© Inter IKEA Systems B.V. 2003
INGEN REKLAM, TACK! MEN GÄRNA IKEA KATALOGEN.
NU KOMMER KATALOGEN FEM GÅNGER OM ÅRET. VAR BEREDD.
IKEA®

今回買ったもの

- 食品ケース KOLONI……厚いガラスがずっしりと頼もしい。(W100×D60×H80mm, Made in China, 15.00kr)
- 封筒&カード KORT……ここの商品は世界共通。誰が見ても気持ちの良い写真です。(Made in France, 5組入り25.00kr)
- 製氷皿 BLUND……細長い棒状の氷ができます。夏の定番になりそう。(Made in China, 25.00kr)
- 吸盤付き時計 SKROLLA……付ける位置は気分によって、毎日でも変えられます。(Made in China, 59.00kr)

KOLONI

KORT

【街の中心から『IKEA本店』への行き方】
地下鉄T-CENTRALEN駅のNKデパート周辺からの無料バスもありますが、バス停が移動していたり、本数が極端に少なかったりするので、ここでは確実な地下鉄とバスでの行き方を。地下鉄Skärholmen(ファーホルメン)駅を出て左に行くとロータリーがありますので、173番のバスに乗ります。視界は広いので、近付く『IKEA』を窓から確認できます。ちょっと遠回りルートですが心配無用、不安な時は運転手さんに尋ねてください。

4ヵ国「定番スーパー雑貨」比較表

誰の家にも必ずあって、まあまあの頻度でスーパーかコンビニへ買いに行くもの。
そんなものを5つ選び、現地に住んだつもりになって選んでみました。

国名	電池		絆創膏	
UNITED KINGDOM 意外な色や写真を使って雰囲気を盛り上げるのが得意です。何でもコンパクトにまとめるのは、日本の感覚に近いかも。	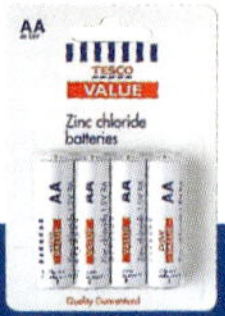	白さが爽やかな激安バリューラインです。 (TESCO, £0.72)		どんな切りキズもカバーできる小さな詰め合わせ。 (Sainsbury's, £0.72)
FRANCE 国としてまとまったイメージは特にありません。明るく楽しく、おまけに安い。また買いに行きたいものばかり。	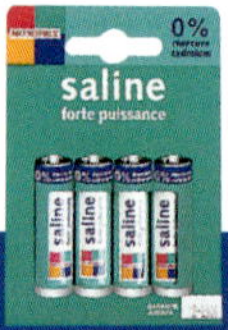	おもちゃのようにカラフル。 (MONOPRIX, 2.55ユーロ)		片手で引き出せるので素早く手当てできます。 (MONOPRIX, 2.62ユーロ)
GERMANY パッケージには文字が多く、自分が何物であるかをきちんと表示しています。質にこだわり、使う人の満足度が優先。		(残念！ 良いものが見つからず！)	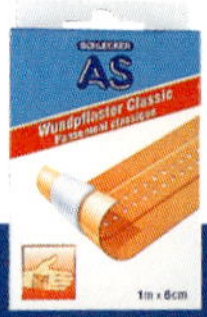	巾が広いので、しっかりガードします。 (SCHLECKER, 0.99ユーロ)
SWEDEN 誰の家にもある、当たり前のものほどデザインに冒険があり大胆。個性あふれる色や形には飽きることがありません。	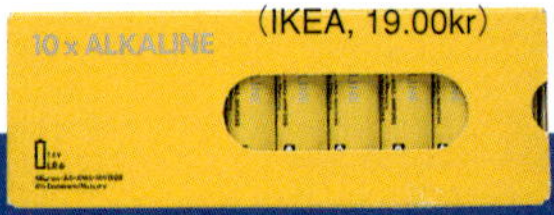	中も外もIKEAイエローが燦々と。まぶしい！ (IKEA, 19.00kr)	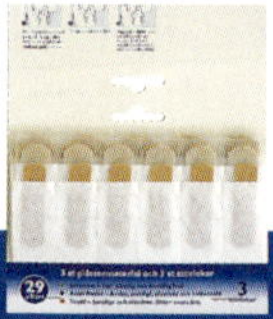	これも片手で取り出せる、用途別の3種類。 (Apoteket, 26.00kr)

石鹸

泡立ち良く溶けにくい。うっとりとする甘い香りです。
(Sainsbury's, ￡1.29)

濃厚なアーモンドの香りが、美味しそう。
(Carrefour, 0.90ユーロ)

自然素材が肌に優しく、華やかな香り。
(eo,, 2.95ユーロ)

ユニークな形が、永年愛されている理由。
(COOP KONSUM, 17.90kr)

歯ブラシ

コンパクトな旅行用。各色揃っています。
(Boots, ￡1.45)

カラフルで楽しい、ロケットみたいな旅行用。
(Carrefour, 1.15ユーロ)

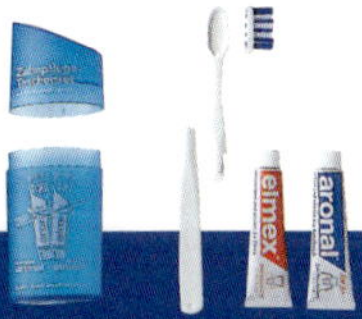

朝夜各専用歯みがき粉で、旅行先でもケア万全。
(SCHLECKER, 3.99ユーロ)

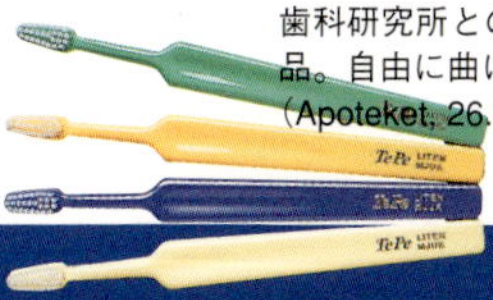

歯科研究所とのコラボ製品。自由に曲げられます。
(Apoteket, 26.00kr)

塩

目立たず、美味しく、センス良く。
(Sainsbury's, ￡0.45)

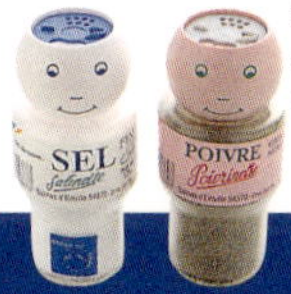

元気で可愛いカップルです。
(Casino, 2コで3.88ユーロ)

大きな文字が存在を主張します。
(KAISER'S, 0.20ユーロ)

海の使者クラゲが素敵、スパイシーなバーベキューソルト。
(VIVO, 39.90kr)

暮れていくベルリンの街角。またすぐ来よう。

P
Rindersteak
aus der Blume
.99

私が住む東京は、世界中のどこよりも
世界中のものが集まってくる街です。
目の前に現れないものがあるとしたら、
それはごく普通の日用品なので
私から会いに行かなくちゃなりません。

歴史的建造物の中に佇み、
昔の暮らしに思いを馳せるように、
スーパーマーケットの中に佇み
ごく普通の暮らしを想像するのです。
身近なことは、遥か遠くのことと同じくらい
エキサイティングです。

私は、「見せたがり」で、
「褒められたがり」です。
皆さんに、ほおっ、と感心してもらうため、
新たなコレクションを求めて
旅行を続けることにします。

この本の製作に関わっていただいた
全ての「人」と「もの」に心から感謝しつつ。

2004年6月　東京にて　森井ユカ

■ホームページを読み解くヒント

スーパーマーケットサーフィンをする時に

この本ではほぼ全てのスーパーの、ホームページアドレスを掲載しています。私が取材で訪れたスーパーは住所まで載せていますが、他の店舗を調べる時はサイトを参考にしてください。ただ、サイトによりかなり仕組みが違いますし、英語表記のないところも多いので、旅行で滞在する場合は、ホテルのフロントに近隣のスーパーの所在を尋ねるのがスムーズでしょう。では、良い旅を!

London

■支店

our stores
store locator
locate store
find your local branch
→郵便番号か、地名を入れて最寄りの支店をサーチする場合が多いです。

■営業時間

OPENING HOURS
FROM-UNTILL
→最近は年中無休24時間営業のスーパーもどんどん増えて、明るいうちに閉店したり、日曜にきちんとお休みしたりしていたのも、今は昔。

■ロンドンの地図

私がいつもロンドンで使っているのは『LONDON A-Z』(A-Z Map社)という最もポピュラーなシリーズです。A5判変型、背表紙がリングで綴じられているもので、途中のページで開いたまま持ち歩いたり置いたりしやすいから、使い慣れると非常に便利なのですが、ちょっとかさばるのが難点。装丁もパリの地図に比べるとなんだかあっさりし過ぎ。綴じ方にこだわらなければサイズは大小揃っています。スーパーで見かけることもあり。

Paris

■支店

Nos magasins
mon~(私の~)から最寄り店舗を検索できる場合もあり。その場合は主に郵便番号(Code postal)か、町(ville)の名前を入れることが多いです。

■営業時間

Heure d'ouverture

■パリの地図

パリの地図はビニールの表紙がスタンダード。持っているだけでなんとなく楽しい気分になります。緑色のものを良く見るのですが、私が使っているのは赤い表紙の『PARIS CLASSIQUE』(L'INDISPENSABLE社)。小さい割に郊外までちゃんとカバーしてあり、また巻末に大きな一枚地図が付いているのも非常に便利です。

Berlin

■支店

MARKTE in Ihrer Nahe(あなたの近くのマーケット)
Die nächsten Markte(身近なマーケット)
支店の検索にeokontactとある場合も。
→郵便番号か、地名を入れて最寄りの支店をサーチする場合が多いです。

■営業時間

Öffnungszeit
→閉店が19時と決まっていれば、19時ちょうどには誰も店内に残っていないよう徹底的に閉店します。ギリギリに駆け込むなんてことがありませぬよう。

■ベルリンの地図

滞在が短期で、行動範囲もそれほど広くなければ、ホテルや空港に置いてある一枚の大きな地図で十分です。一部1.00ユーロほどで購入できます。ただし手軽な地図は必要最低限の情報しかないので、時間があれば書店に立ち寄って、ベルリンの壁があった場所が記してあるような、詳しい地図もぜひ見てみてください。

Stockholm

■支店

Butiker
Butik
→出てくる地図に希望の場所をクリックしたり、空欄に地域名を入れてサーチします。

■営業時間

Öppet tider
→土日は平日に比べて営業時間を短くする店が多いです。

■ストックホルムの地図

ストックホルムは小さな街なので、空港やホテルのカウンターなどでもらえる一枚の地図で、ほとんど間に合います。ただ、地下鉄路線図が付いていなければ別に必要です。通りの名前や駅名などはもちろんスウェーデン語なので、発音はちょっと難しいです。

タビのアレコレ

1 ベルリンからパリへの移動は飛行機ではなく、半日かけて夜行列車にしました。RERの1等寝台は洗面所が付いていてとても快適。ぼんやり景色を堪能できるのも陸路ならでは。時間もホテル代も節約できるのでおすすめです。

2 パリの無気味なメリーゴーラウンドは『Jardin des Plantes』(地下鉄Gare d'Austerlits）に。

3 スーパーじゃないけれど、パリの郵便博物館にはミニカーやトランプなんかのかわいいオリジナル商品がいっぱいです。（MUSEE DE LA POSTE　34 BOULEVARD DE VAUGIRARD 75015

4 取材で泊まったおすすめホテルその1　ベルリン「キュンストラハイム・ルイーゼ」（www.kuenstlerheim-luise.de　英語あり）もと東側に立地、全ての部屋のデザインが違うユニークなホテル。値段もリーズナブルです。今回私が選んだのは、真っ白い部屋に、宇宙飛行士が着るスーツのオブジェがある『アストロノーツの部屋』。

5 取材で泊まったおすすめホテルその2　ストックホルム「ビリエルヤール」（www.birgerjarl.se）ストックホルムの中では気軽に泊まれるデザインホテル。時期によって値段のアップダウンが激しいのですが、ちゃんと調べれば問題なし。家具になじむと帰りたくなくなる居心地の良さです。

6 取材で泊まったおすすめホテルその3　パリ「シタディン／サンジェルマン・デ・プレ」（www.citadines.com）シタディンは、キッチン付きアパートメントホテルのチェーン。サンジェルマン・デ・プレならパリのど真ん中なので、どこに行くにもアクセス良し。

7 取材で泊まったおすすめホテルその4　ロンドン「コーリンハム・アパートメント」（www.collinghamapartments.com）本文でも触れたように、ロンドンのGloucester Roadはスーパー

1

3

2

4

マーケットマニアのメッカ。2人以上で泊まる時にとっても便利なキッチン付きホテルです。広いリビングが嬉しい。

8 スーパーで買い物する時に、その国の製品かどうか確かめるにはバーコードの頭を見ると良いのです。例えばドイツなら400〜440、フランス30〜37、イギリス50、スウェーデン73、日本は49と45です。

9 現地で買った荷物はそのつど宅配便で日本に送りました。郵便よりは高いけど、早くて安心です。ミカン箱2つ分くらいの大きめ段ボールに25kg詰めに詰めて、約2万円でした。ヤマト便は日本のクロネコと人相（猫相?）が違いシャープでかっこ良い。

10 ストックホルムの地下鉄改札で見つけた面白いタイル。八頭身を現しております。芸術的な地下鉄駅が多く、それらを解説したパンフレットが窓口でもらえます。

6

7

8

9

5

10

森井 ユカ（YUKA DESIGN）

東京生まれ、東京12チャンネル育ち。
桑沢デザイン研究所卒。
立体造形家。
旅行をするたびにものが増えていき、
気がつくと雑貨コレクターに。
雑貨関係の著書に
『とっておきロンドン雑貨58』
（メディアファクトリー）
www.yuka-design.com

＊アートディレクション、ブックデザイン
野島禎三（YUKA DESIGN）

＊写真（表紙、スタジオ撮影）
長浜 耕樹（講談社写真部）

＊写真（ロケ撮影）
森井 ユカ（YUKA DESIGN）
野島 禎三（YUKA DESIGN）

＊コーディネーター
立田 委久子…………LONDON
桜井 道子……………PARIS
荒井 剛………………BERLIN
横山 いくこ…………STOCKHOLM

＊製作アシスタント
平久井 祐美子（YUKA DESIGN）

＊協力
CHARPENTIER FRANCK
HARM DORREN
青木 淑子＆青木 彩人
荒川 由美
岡田 太郎
クスオオフィス
スコス　ステーショナリーズ・カフェ
服部 健一郎

スーパーマーケットマニア　～ヨーロッパ編《へん》～

2004年7月16日　第1刷発行

著者　森《もり》井《い》ユカ
発行者　野間佐和子
発行所　株式会社講談社
〒112-8001　東京都文京区音羽2-12-21

Web現代編集部　03(5395)3551　http://webgendai.com
販売部　03(5395)3622
業務部　03(5395)3615（落丁・乱丁本はこちらへ）

印刷所　凸版印刷株式会社
製本所　大口製本印刷株式会社

N.D.C.673　127P　16cm
Printed in Japan　ISBN4-06-212375-4

Björnholmen
Skräddar-holmen
Skräddarholmen
Fågelön
Fågelön
shättan
ungshatt
Herrhamn
Herrhamn
Nissero
Klubbensborg
135
Klubbacken
Axelsbergs skola
Fridhem
Selmedalsvägen
Pettersbergsvägen
HÄGERSTEN
Lyran
Mälarhöjdsbadet
BREDÄNG
Mälarhöjdsvägen
Stockholms stads bad- och lägerlivsområde
Sätravik
Sätra varv
Sätra camping-område
Ålgryteskolan
Ålgrytevägen
193
Nybygget
Bredäng
St. Sällsk. V
Bredängs skolan
Bredäng
H3
H2
13–15
MÄLARHÖJDEN
Mälar-höjden
Lugntorpsv.
Kapell
Mälarh. skolan
135
Gillegatan
Lugntorpsvägen
Storsvängen
Fästingsgatan
Häger.
Hägerstensås
uppg. Personnevägen
Smedstorp
Lilla Sällskapets V.
VÄSTERTORP
Västertorp
Västertorps skolan
uppg. Störtloppsvägen
Västertorp
Västertorpsvägen
uppg. Västertorpsvägen
SÄTRA
Ormsätrab.
Kröksätrab.
Björk-sätraskolan
Ålderdhem
Eksätra-vägen
Slättgårds skolan
Eksätravägen
Skärholmsvägen
E3, E4 Södertälj
Mälarhöjdens idrottsplats
Sätragårdsvägen
Kungs-sätra-skolan
Sätra-sk:an
Eksätravägen
Svensk Bilprovning
Motell
FRUÄNGEN
703 715
720 793
Gransätra-skolan
Alsätravägen
15
Sätra
Sätra-skolan
Björksätravägen
Eksätrav.
Skärholmsvägen
E3, E4 Södertäljevägen
H3
H2
Gyllene Ratten
193
14
Fruängen
144
Fruängen
Fruängens skola
H2
H3
Mälarvägen
793
Segel-torps Centrum
Dörjevägen
Verkstadsvägen
703–715–720
Vantörsvägen
Långbro Sjukhus
Långbro sjukhus
Segeltorps-gränsen
Mälarv.
Ekholms-skolan
Vandringsk:n
KÄR
13
Skensbergsvägen
SEGELTORP
Gamla Södertäljev.
Segeltorps skola
Herr-ängspl.
Skärholmen
Smista
Kapell
Skrakvägen
HERRÄNGEN
Juringe Allé
720
Herrängens Gård
Skärholms-skolan
720
Gårdsvägen
Lövsångarvägen
Norrtorpsv
Östeholms-skolan
Kungens Kurva
Motor Hotell
Juringe
Hagvägen
144
Tornfalk
Herr-ängen
Apelvägen
Västerholms-skolan
720
IKEA
Orrvägen
703–715–72
141
Lindholmsbacken